高等学校工程管理专业规划教材

工程质量管理

——理论、方法与案例

马国丰　编著

中国建筑工业出版社

图书在版编目（CIP）数据

工程质量管理——理论、方法与案例/马国丰编著.—北京：
中国建筑工业出版社，2013.10（2021.12重印）
高等学校工程管理专业规划教材
ISBN 978-7-112-16082-2

Ⅰ.①工…　Ⅱ.①马…　Ⅲ.①建筑工程-工程质量-质量
管理-高等学校-教材　Ⅳ.①TU712

中国版本图书馆 CIP 数据核字（2013）第 264782 号

高等学校工程管理专业规划教材
工程质量管理
——理论、方法与案例
马国丰　编著

*

中国建筑工业出版社出版、发行（北京西郊百万庄）
各地新华书店、建筑书店经销
北京红光制版公司制版
北京建筑工业印刷厂印刷

*

开本：787×1092毫米　1/16　印张：14　字数：350千字
2014年2月第一版　　2021年12月第三次印刷
定价：29.00元
ISBN 978-7-112-16082-2
（24837）

工程质量是项目管理的三大目标之一，对项目各参与方关系密切。工程质量管理的活动主要体现在项目全寿命周期中，全书按照工程项目前期策划、勘察设计、施工、竣工验收阶段展开。本书共分八章，主要内容有：质量管理与工程质量管理、工程项目前期策划阶段的质量管理及质量策划、工程勘察设计阶段的质量管理、工程施工阶段的质量管理、工程竣工验收阶段的质量管理、工程质量问题与质量事故的处理、工程质量统计分析方法、质量管理体系。

　　本书可作为高校工程管理、管理科学与工程及其他相关专业的教材，也可供工程建设、设计、施工、咨询等单位的技术人员学习、参考。

＊　　＊　　＊

责任编辑：王　梅　杨　允
责任设计：张　虹
责任校对：王雪竹　刘　钰

前　言

　　工程质量是项目管理的三大目标之一，对项目各参与方关系密切。为实现工程质量目标及实施项目质量方针的全部职能及工作内容，并对其工作效果进行评价和改进的一系列工作称为工程质量管理，其活动过程主要包括工程质量方针与目标的确立、质量策划、质量控制以及质量改进等。因此，对于工程项目来说，质量是通过我们从事工程质量管理的相关活动形成的。工程质量管理的活动主要体现在项目全寿命周期中，本书主体部分按照工程项目前期策划、勘察设计、施工、竣工验收阶段展开工程质量管理。

　　本书共分八章，第一章介绍了质量管理与工程质量管理，包括质量与质量管理的基本内容、思想，工程质量管理的基本活动过程、现状及未来发展。第二章介绍了工程项目前期策划阶段的质量管理及质量策划，包括工程前期策划中决策策划、实施策划以及设计任务书各阶段中的质量管理活动。第三章介绍了工程勘察设计阶段的质量管理，包括勘察阶段与设计阶段的质量管理活动。第四章介绍了工程施工阶段的质量管理，包括工程施工准备阶段、施工实施阶段以及主要分部分项工程的质量管理。第五章介绍了工程竣工验收阶段的质量管理，包括检验批、分项工程、分部工程以及单位工程的验收程序及组织。第六章介绍了工程质量问题与质量事故的处理，包括如何处理以及如何预防工程质量问题及质量事故。第七章介绍了工程质量统计分析方法，包括质量管理中新、老工具的应用。第八章介绍了质量管理体系，包括如何建立与实施质量管理体系、如何进行质量认证等。

　　书中的一些观点乃作者一家之言。由于水平有限，错误之处难免，敬请读者指正。

目　录

第一章　质量管理与工程质量管理 ……………………………………… 1
　　第一节　质量与质量管理 ……………………………………………… 3
　　第二节　工程质量管理 ………………………………………………… 8
　　复习思考题 …………………………………………………………… 18

第二章　工程项目前期策划阶段的质量管理及质量策划 ……………… 20
　　第一节　什么是前期策划阶段质量管理？ …………………………… 20
　　第二节　如何进行决策策划的质量管理？ …………………………… 21
　　第三节　如何实施策划的质量管理？ ………………………………… 26
　　第四节　如何编制设计任务书？ ……………………………………… 29
　　第五节　如何进行工程质量策划？ …………………………………… 29
　　复习思考题 …………………………………………………………… 36

第三章　工程勘察设计阶段的质量管理 ………………………………… 38
　　第一节　依据什么进行勘察设计质量管理 …………………………… 39
　　第二节　工程勘察的质量管理 ………………………………………… 41
　　第三节　工程设计的质量管理 ………………………………………… 44
　　第四节　勘察设计的政府监督与审查 ………………………………… 51
　　复习思考题 …………………………………………………………… 53

第四章　工程施工阶段的质量管理 ……………………………………… 55
　　第一节　工程施工阶段质量管理概述 ………………………………… 56
　　第二节　工程施工准备的质量控制 …………………………………… 71
　　第三节　工程施工过程的质量控制 …………………………………… 80
　　第四节　主要分部分项工程的质量管理 ……………………………… 106
　　复习思考题 …………………………………………………………… 121

第五章　工程竣工验收阶段的质量管理 ………………………………… 124
　　第一节　工程项目竣工验收阶段质量管理基础有哪些？ …………… 124
　　第二节　如何进行检验批质量验收？ ………………………………… 129
　　第三节　如何进行分部（子分部）工程质量验收？ ………………… 135
　　第四节　如何进行单位工程质量验收？ ……………………………… 137
　　第五节　验收阶段工程项目返修及保修 ……………………………… 139
　　复习思考题 …………………………………………………………… 142

第六章　工程质量问题与质量事故的处理 ……………………………… 144
　　第一节　如何处理工程质量问题？ …………………………………… 144
　　第二节　如何处理工程质量事故？ …………………………………… 148

第三节　如何预防工程质量问题及事故？ ………………………………………… 160

复习思考题 ………………………………………………………………………… 165

第七章　工程质量统计分析方法 ……………………………………………… 167

第一节　质量数据 ………………………………………………………………… 167

第二节　质量统计分析方法 ……………………………………………………… 170

第三节　质量管理的新工具 ……………………………………………………… 181

复习思考题 ………………………………………………………………………… 194

第八章　质量管理体系 ………………………………………………………… 196

第一节　概述 ……………………………………………………………………… 196

第二节　什么是质量管理体系？ ………………………………………………… 197

第三节　如何建立质量管理体系？ ……………………………………………… 202

第四节　如何实施质量管理体系？ ……………………………………………… 206

第五节　如何进行质量认证？ …………………………………………………… 208

复习思考题 ………………………………………………………………………… 213

参考文献 ………………………………………………………………………… 215

第一章 质量管理与工程质量管理

【开篇案例】

南京明城墙的质量管理❶

蜿蜒 35 公里多的南京明城墙，不仅是世界上最长的城墙，也被公认为现今保存最完整、质量最坚固的城墙之一，620 多年栉风沐雨，依然坚不可摧。明城墙安如磐石的秘密是什么呢？

答案就在我们这本书当中，在于修建过程中严格的工程质量管理。最为关键的是领导者朱元璋对质量孜孜追求的态度。本案例将从三个角度解读管理者对于明城墙质量管理思想。

视角一：改进组织系统——从管理上保证质量

历史镜像：早在定都南京前两年，朱元璋即采纳隐居老儒朱升"高筑墙，广积粮，缓称王"的建议，开始修筑城墙。

1368 年秋，朱元璋将中书省四部扩充为吏、礼、户、兵、刑、工六部，工部的首要职能就是掌管修筑城墙的工匠。至于具体工程的操作，则由隶属工部的营造司主持。此外，朝廷还抽调地方府、州、县的各级官吏为"提调官"，专门负责建筑材料、民夫的征调。

他先后发布《御制大诰》文告三篇，将建造城墙时，官员贪污腐败的案例一一列入其中，以为训诫，昭告天下。朱元璋还允许民众赴京投诉，一旦案件查实，惩治极为严厉，或杀，或流放充军。贪污 60 两白银以上者，皆处枭首示众、剥皮塞草之刑，将尸首横呈于衙门前，以警示继任官员。今天来看，这些刑罚过于严酷，但从另一个侧面可以看出，朱元璋为追求工程质量的决心。

与此同时，大明集团还实行了官员任职回避制度，官员不得在本省为官，南人官北，北人官南。任职回避制度，有效地防止了任人唯亲，贪污腐败行为，保证了工程的质量。

视角二：一把手参与——零缺陷从"头"开始

历史镜像：1372 这一天，朱元璋带领丞相汪广洋等人登上城楼，视察正在疏浚的护城河工地。站在城楼上，朱元璋突然发现冰冷的河水中，一名光着身子的民夫正在东捞西摸，甚是诧异。于是派人前往查问。原来督工为了戏弄这位民夫，故意将他的锄头扔进河里，让其下水打捞，以此来取乐。

朱元璋听后，大为恼怒，下令将督工抓起来，并处以杖刑。

当时，有一段百余丈长的城墙，由朱元璋十分宠信的一个大臣负责督造。这位大臣整

---

❶ 本案例来源：雍文．对质量心怀敬畏——从南京明城墙看质量管理
http://finance.sina.com.cn/roll/20061122/07171055148.shtml

天吃喝玩乐，根本没把修筑城墙的事放在心上，工程进展缓慢。离最后期限只剩十多天时，这位大臣他慌了神，想出一个馊主意，用大毛竹在护城河边搭成一个大栅栏，将百余丈的地方遮掩其中。验收那天，朱元璋带着一班文武大臣，从聚宝门开始一路巡查，查到这里，由于护城河太宽，远远望去，谁也没看出破绽。不久，真相败露，朱元璋大为震怒，以欺君之罪，将有关责任人或杀或贬，并命人拆掉竹栅栏，重新修筑。

这段历史，我们可以看出一把手的参与，零缺陷从"头"开始（也就是要从领导开始），因此，我们上面说安如磐石的城墙最为关键的原因是领导者对质量管理的态度。

正是朱元璋的高度重视，对质量的孜孜追求，多次亲临生产一线，监督、检验工程质量，才铸造了"明城墙"这个伟大的名牌产品。全面质量管理还有一条重要的理念——领导参与。领导对质量的态度，可以说就是衡量质量的尺度。当三星的产品在美国沦落到地摊上的大路货后，总裁李健熙下令把有质量问题的产品，包括电视机、冰箱、微波炉堆到操场上，点火焚烧。自1993年开始，三星转变管理理念，从单纯追求数量增长转变为以质量为导向的管理模式，进行了事业结构、人才培养、产品设计和生产、流程控制等各个方面的变革，并得以平安度过1998年亚洲金融危机。作为领导者，正是李健熙对产品质量的苛求成就了今天的三星。在国内，海尔集团董事长张瑞敏为提高冰箱质量，也当众砸过自己的劣质产品，海尔品牌的塑造，与张瑞敏对质量的执着密不可分。

决策者的态度，直接影响到员工的态度。领导如果不重视质量，员工就可能会更无所谓，一旦如此，质量的防护链条断裂势所必然。

视角三：严格责任制——让质量观念深入人心

历史镜像：明城墙高度一般在14～20m，最高处可达24m。据初步估算，城墙共耗费了3.5亿块城砖。这些数量巨大的城砖，由官方统一收购、运输、调配和使用。其规格、尺寸统一，一般长40～50cm，宽20～22cm，厚10～15cm，重15～25kg。城砖均用优质黏土或白瓷土烧成，大部分为质地细密、坚固耐用的青灰色砖。

为保证城砖的质量，朱元璋对制砖、筑城的工艺做了严格的规定。城砖制造过程中，取土、踩泥、制坯、晾干、装窑烧制等工序十分繁杂。据说，光制砖一项，就有七八道工序：取土后要用筛子筛去杂质，然后放入水塘浸泡，把水牛赶入塘内踩踏，浸透后取中间土质细腻的部分制坯，砖坯晾干后入窑。烧窑时要用柴草，火候也要恰到好处。每道工序，要求都极其苛刻。

今天，细心的游客还可以在明城墙的一些城砖上发现斑驳的铭文。透过这些文字，可以追寻到明城墙修建过程中严格的责任制。

当时，为保证城砖烧造质量，朝廷要求各地在生产的城墙砖上注明府、州、县、总甲、甲首、小甲、制砖人夫、窑匠等5～6级责任人的名字，以便验收时对不合格的城砖追究相关人的责任。这一措施用现在的话讲，就是要做到职责分明，责任到人：名字都烧在砖上了，想赖也赖不掉。

城砖运到京城后，首先要过验收关。验收由工部组织，从每批城砖中任意抽出一定数量，由两名精悍强壮的专职士兵相隔一定的距离，抱砖相击，如城砖不脱皮，不破碎，声音清脆，方为合格。如果发现城砖掉皮、破碎、声音混浊或有裂缝，表面弯曲，则视为不合格。一旦不合格砖块超过规定比例，则该批城砖即被定为不合格产品，责令重烧。如两度检验不合格，就要严惩铭文中记录的有关提调官及各环节中的具体责任人，重者甚至被砍头处死。这种严酷的"责任制"，保证了南京明城墙的高质量。经检测，城砖抗压强度至今仍保持在 10~15MPa，比当代砖的强度还要高。

明城墙严格的质量责任到人制度，以及严厉的处罚措施，使每一个参与建造城墙的个人和组织，无形中对质量充满了敬畏，试想，哪个人愿意拿性命去做赌注！正因为如此，620 多年栉风沐雨，明城墙依然坚不可摧。

第一节　质量与质量管理

一、质量的内涵及形成机制

（一）质量的内涵

一般说，专家们的质量定义分为两类：第一层面的质量指生产这样的产品或提供这样的服务，它们可测量的特点符合一组固定的规格，这些规格通常以数字来界定；第二层面的质量指有关产品和服务满足客户的使用预期或消费预期。对质量的认识是一个发展的过程，表 1-1 是比较常见的几个质量的定义。

常见的几种质量定义　　　　　　　　　　表 1-1

专家	质量定义
克劳士比	质量就是符合要求，要求必须一清二楚，以免让人误解
朱兰	质量是一种适用性，适用性是由那些用户认为对他有益的产品特点所决定的，是一些众所周知的参数的综合结果
田口玄一	所谓质量，是指产品上市后给社会带来的损失。但是功能本身所产生的损失除外
费根堡姆	质量是由顾客测定的，不是工程师、市场或者高层管理者测定的
戴明	质量必须以客户满意度界定，质量是多维的，不能用单一的特点来界定产品或服务的质量
皮尔西格	质量是非思考过程承认的思想言论的一个特点。由于定义是严格、正规思考的产物，质量不能下定义
ISO 9000：2000	一组固有特性满足要求的程度

从各位专家以及国际标准化组织的质量定义来看，社会对质量的认识在不断发展。至此，本书认为质量的内涵应该是产品、体系或过程的一组固有特性满足顾客和其他相关方需求的能力。固有是指在某事或某物中本来就有的；特性是指可区分的特征；要求是指明示的、隐含的或必须履行的需求或期望。质量的主体可以是产品，也可以是某项活动或过程的工作质量，还可以是质量管理过程运行的质量。

（二）质量的形成机制

企业常常会产生一种"不提高质量不行，不提高质量企业无法生存"的压力，感到压力企业会产生提高质量的动力，于是就产生提高质量的行为，同时也会承担质量的责任，因为承担了责任又会产生质量压力，如此反复循环，便是质量的形成机制。质量的形成机制如图 1-1 所示。

在质量的形成机制里面，企业的质量动力来源往往存在于企业外部，由于企业生产的产品是为了出售，产品只要能卖出去，企业就可以实现自己的经济效益，因此，外部是企业利益的来源，对企业自身来讲产生质量动力的来源自然来自于企业外部，也可能来自于

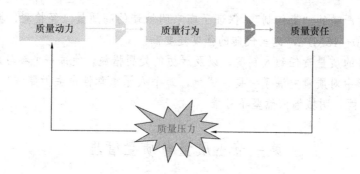

图 1-1　质量的形成机制

思想政治工作、道德约束等。

质量责任是指因产品质量不符合国家有关法律、法规、质量标准以及合同所规定的对产品的性能、寿命、可靠性、安全性等适用性的要求，给社会、用户、消费者造成名誉的、人身的、财产的损害后应当依法承担的责任。企业在提高质量水平的同时，会承担相应的质量责任，质量责任对企业质量的行为也会产生一定的约束作用。

企业在运行的过程中，当企业的需要没有得到满足，在满足过程中受到了种种限制，企业也就感受到了质量压力，从而产生了一种紧张感，为了消除这种紧张，企业只能从其他各方面去调整自己的质量行为，以自己的产品去满足其他方面的限制条件，这样质量压力会转换成质量动力（图 1-2）。

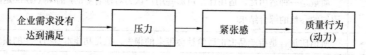

图 1-2　质量压力和动力的转换机制

二、质量管理的内涵及发展

（一）质量管理的内涵

质量管理是确定质量方针、目标和责任，通过质量体系中的质量策划、质量控制、质量保证和质量改进来实现其所有管理职能的全部活动。现代质量管理虽然重视产品、过程和服务质量，但更强调体系或系统的质量、人的质量，并以人的质量、体系质量去确保产品和服务质量。

（二）质量管理的发展

质量管理的概念是随着人类社会的发展逐步形成、发展和完善起来的。回顾质量管理的发展历史，可以清楚地看到人们在解决质量问题中所运用的方法、手段，是在不断发展和完善的，而这一过程又是同社会科学技术的进步和生产力水平的不断提高密切相关的。质量管理的发展，可以分为质量检验阶段、统计质量管理、现代质量管理三个阶段，如图 1-3 所示。

（1）质量检验阶段

质量检验阶段也俗称检验员的质量管理。1895 年，泰勒制诞生——科学管理的开端，主张企业内部专业化分工，在生产过程中设置专职检验人员，强调检验人员的质量监督职能，把检验作为保证质量的主要手段。因此，最初的质量管理可以表述为检验活动与其他职能分离，出现了专职的检验员和独立的检验部门。质量检验阶段质量管理的主要特点是

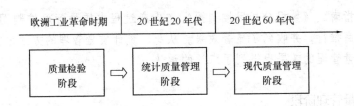

图 1-3 质量管理的发展阶段

以事后检验为主体，百分之百的全检验，所提供的质量信度很高。但是它存在很多缺陷，主要表现在：由于属于事后检验，无法在生产过程中起到预防、控制的作用，若仅仅靠检查，则不论检查 如何严格，都不可能使不合格品转变成为合格品，生产合格产品的关键在制造工艺上；经济上不合理，增加检验费用，延误了出厂交货期限；某些检验技术上实施也不可能（如破坏性检验）。

（2）统计质量管理

统计质量管理的基本思路是对影响目标特性波动的一切工序条件或工程因素的波动，进行分析和控制。它的优势是采用数理统计的原理克服了质量检验阶段检验方法的局限性（无法预防、技术上的缺陷），既降低了检验成本，又满足规模化生产的需要。统计质量管理所存在的缺陷主要表现在：过分强调质量控制的统计方法，忽视其组织管理工作，使得人们误认为"质量管理就是统计方法"、"质量管理是统计学家的事情"；忽视企业各部门在质量管理中的作用；轻视质量战略，决策、方针不向基层展开。

【示例 1-1】

统计质量管理的发展[1]

第一次世界大战后期，美国军方需要在短时期内解决美国 300 万参战士兵的军装规格。休哈特（Walter A. Shewhart）发现士兵的不同需求是服从正态分布的。因此他建议将军装按十种规格的不同尺寸加工不同的数量。美国国防部采纳了他的建议，结果，制成的军装基本符合士兵体裁的要求。

后来他又将数理统计的原理运用到质量管理中来，并发明了控制图。他认为质量管理不仅要搞事后检验，而且在发现有废品生产的先兆时就进行分析改进，从而预防废品的产生。控制图就是运用数理统计原理进行这种预防的工具。因此，控制图的出现，是质量管理从单纯事后检验转入检验加预防的标志，也是形成一门独立学科的开始。第一本正式出版的质量管理科学专著就是 1931 年休哈特的《工业产品质量经济控制》。

然而，休哈特等人的创见，除了他们所在的贝尔系统以外，只有少数美国企业开始采用。特别是由于资本主义的工业生产受到了 20 世纪 20 年代开始的经济危机的严重影响，先进的质量管理思想和方法没有能够广泛推广。第二次世界大战爆发以后，这时由于战争的需要，美国军工生产急剧发展，尽管大量增加检验人员，产品积压待检的情况仍日趋严重，有时又不得不进行无科学根据的检查，结果不仅废品损失惊人，而且在战场上经常发生武器弹药的质量事故，比如炮弹炸膛事件等等，对士气产生极坏的影响。在这种情况下，美国军政部门随即组织一批专家和工程技术人员，于 1941~1942 年间先后制订并公

---

[1] 本案例来源：李晓春. 质量管理学 [M]. 北京：北京邮电大学出版社，2008.

布了《质量管理指南》、《数据分析用控制图》、《生产过程中质量管理控制图法》，强制生产武器弹药的厂商推行，并收到了显著效果。从此，统计质量管理的方法才得到很多厂商的应用，统计质量管理的效果也得到了广泛的承认。

（3）现代质量管理阶段

随着质量管理研究和实践的发展，从 20 世纪 60 年代开始，各种质量管理的基本原理和方法开始不断创新，迎来了现代质量管理阶段。现代质量管理阶段主要包括两个标志，其中一个标志是全面质量管理思想的提出。随着工业生产的日趋复杂和服务业蓬勃发展，人们开始认识到质量管理不仅仅是应用某一方法或者某一工具的问题，质量管理需要科学的观点去审视问题，其涉及的内容非常丰富。

最早提出全面质量管理概念的是美国通用电气公司质量经理费根堡姆。他提出："全面质量管理是为了能够在最经济的水平上并考虑到充分满足用户要求的条件下进行市场研究、设计、生产和服务，把企业各部门的研制质量、维持质量和提高质量活动构成为一体的有效体系"。特别是全面质量管理理论引入日本以后，日本兴起了一场质量革命，20 世纪 70 年代中期以汽车、彩电和大规模集成电路为代表的日本工业产品，其质量水平开始超过了欧美，引起欧美各国的震惊。全面质量管理主要包含三个特点，一是全面质量，不仅包括产品质量，也包括工作质量；二是全过程；三是全员性。

现代质量管理阶段的第二个标志就是质量管理的标准化。随着国际贸易的发展，产品的生产和销售已经不仅仅局限于某一个国家和地区，市场的全球化已经成了必然趋势，这给质量管理工作带来了新问题。由于产品设计标准的不同，因此，往往一个国家生产的优质产品在另一国家不能使用。因此，实现产品设计、生产的标准化，成为质量管理发展的一个重要领域。

三、质量管理的基本理论及思想

质量管理的基本理论主要包括 PDCA 循环理论、预防控制理论、质量成本理论等。

（一）PDCA 循环理论

PDCA 循环就是按照计划（plan）、执行（do）、检查（check）、处理（action）4 个阶段来进行质量管理，并循环不止进行下去的一种管理工作程序，由美国质量管理专家戴明提出，又称戴明循环。

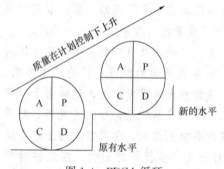

图 1-4　PDCA 循环

PDCA 循环可分为四个阶段八个步骤。第一阶段是计划阶段，主要工作是明确任务、目标和活动措施，计划阶段的具体工作可以分为四步：

（1）分析现状，找出存在的质量问题；

（2）分析产生问题的各种原因或影响因素；

（3）找出影响质量问题的主要原因或因素；

（4）针对影响质量问题的主要原因或因素，制定计划和活动措施，在进行这一步工作时，需要明确回答 5W1H 问题。①为什么要提出这样的计划？为什么采取这些措施？为什么需要这样改进（Why）？②改进后要达到什么目的？有何效果（What）？③改进措施在何处（哪道工序、哪个环节、哪个过程）进行

（Where）？④计划和措施在何时执行和完成（When）？⑤由谁来执行（Who）？⑥用何种方法完成（How）？

第二阶段是执行阶段，主要任务是按照第一阶段所制定的计划组织实施。这是管理循环的第五步，即执行计划和措施，在执行阶段，首先应做好计划措施的交底和落实，包括组织落实、技术落实和物资落实。有关人员需要经过训练、考核，达到要求后才能参与实施。同时应采取各种措施保证计划得以实施。

第三阶段是检查阶段，主要任务是将实施效果与计划相对比，检查执行的情况，判断是否达到了预期效果，并进一步查找问题。这也是管理循环的第六步，即检查效果和发现问题。

第四阶段是处理阶段，主要任务是对检查结果进行总结和处理，分为两步，即第七步是总结改进，第八步是将遗留问题转入下一个循环。通过检查，找出尚不显著的问题所在，转入下一个管理循环，为下一期计划的制定和完善提供数据资料和依据。

（二）预防控制理论

预防控制理论认为通过检测鉴别质量合格与否，是消极的做法，提倡应以预防为主，控制生产过程，使其产品质量始终处于受控状态。最好的控制是在问题出现之前进行，而不是在问题出现之时或之后才开始，防患于未然才能达到控制的最大效果。预防控制理论的基本思想主要在于两方面：一方面，为了能够在问题出现之前就实施控制，控制就不能同其他管理职能截然分开，控制应该同决策和计划活动一起开始，从准确预测、决定正确的策略，到建立合理的标准，从设计有效的组织结构，到配备控制机构与人员等等，都要有控制的观点，运用控制的方法；另一方面，控制不仅仅是高层主管人员或专职控制人员的事情，为了能够预先发现问题、及时采取措施，控制应该是每一位计划执行者的责任，不管他处于哪个管理层次，而且更进一步，控制应是所有组织成员的责任，只有真正做到全员实施控制，才能够达到预防控制中"将问题解决在出现之前"的要求。

（三）质量成本理论

质量成本是指企业为了保证和提高产品或服务质量而支出的一切费用，以及因未达到产品质量标准，不能满足用户和消费者需要而产生的一切损失。质量成本主要由预防成本、鉴定成本、内部损失成本、外部损失成本四个方面构成。其中，预防成本是为减少质量损失和检验费用而发生的各种费用，是在结果产生之前为了达到质量要求而进行的一些活动的成本，它包括质量管理活动费和行政费、质量改进措施费、质量教育培训费、新产品评审费、质量情报费及工序控制费；鉴定成本是按照质量标准对产品质量进行测试、评定和检验所发生的各项费用，是在结果产生之后，为了评估结果是否满足要求进行测试活动而产生的成本，包括部门行政费、材料工序成品检验费、检测设备维修费和折旧等。内部损失是指产品出厂前的废次品损失、返修费用、停工损失和复检费等；外部损失是在产品出售后由于质量问题而造成的各种损失，如索赔损失、违约损失和"三包"损失等。

此外，在从事质量管理活动的时候，需要以质量管理的思想为指导，质量管理的思想主要有预防为主、以顾客为关注焦点、持续改进、以数据为依据、技术与管理并重、系统控制、标准化管理等等。

第二节 工 程 质 量 管 理

一、工程质量管理的概念

工程质量是国家现行的有关法律、法规、技术标准和设计文件及建设项目合同中对建设项目的安全、使用、经济、美观等特性的综合要求，它通常体现在适用性、可靠性、经济性、外观质量与环境协调等方面。工程质量不仅包括工程实物质量，而且也包含工作质量。工作质量是指项目建设参与各方为了保证建设项目质量所从事技术、组织工作的水平和完善程度。

工程质量的优劣决定了建筑工程项目的成败，对工程项目建成以后的使用有直接影响。对参与工程建设的各大主体单位都有非常重要的意义。建设单位要实现工程投资的效益，必须强调质量；承包商只有抓住了工程的质量才能赢得市场，得到效益；监理方的主要工作任务要放在工程质量的监督管理上，同时兼顾整个工程的进度控制和投资控制，只有这样也才能为建设单位提供更优质的服务，才能赢得市场，取得更好的经济效益。所以，控制好工程质量是参建各方工作的重点，也是参建各方共同的、非常重要的职责。

随着我国改革开放的深化，国民经济持续高速增长，基建投资项目的不断增加，使得建筑施工队伍和建材生产企业也随之大量发展。但由于对施工质量未能进行有效地控制，重大工程质量事故时有发生，并出现了一批粗制滥造的"豆腐渣"工程，给国家和人民的生命财产造成重大的损失和危害，也给社会带来消极影响。工程质量问题已成为实施扩大内需、加大基础设施建设和发展国民经济等重大决策成败的关键。在施工过程中，各个环节都存在着影响质量的因素，如设计、施工工艺、施工机械、施工材料、施工人员、地质环境和天气等。施工时材料的质量差异、施工工艺的改变、天气环境的变化、施工设备的磨损等，都会产生质量变异，造成质量事故，并且工程项目建成后，如发现质量问题又不能像一些工业产品那样进行拆卸维修，更不能实行"包退包换"。

因此加强工程的质量管理，提高工程质量水平，就显得极其重要。在工程建设领域，质量管理被定义为：确定工程质量方针及实施工程质量方针的全部职能及工作内容，并对其工作效果进行评价和改进的一系列工作，也就是为了保证工程质量满足工程合同、设计文件、规范标准所采取的一系列措施、方法和手段。

工程质量管理必须考虑和适应工程质量的特点，对其进行有针对性的管理，工程质量的特点包括[1]：

（1）影响因素多。如立项决策、设计、施工、机械、环境、工艺方法、技术措施、管理制度、人员素质等都直接或间接地影响工程的质量。

（2）质量波动大。工程建设因其复杂性、单件性，不像一般工业产品的生产那样有固定的生产流水线、规范化的生产工艺、完善的检测技术、成套的生产设备、稳定的生产环境以及相同系列规格和相同功能的产品，所以其质量波动大。

（3）质量变异大。由于影响工程质量的因素较多，任意因素出现了问题，均会影响工程建设系统的质量变异。

---

[1] 资料来源：李子新. 建筑工程质量管理 [M]. 北京：中国建筑工业出版社，2005.

（4）质量隐蔽性大，终检局限大。工程项目不可能像一般工业产品那样，依靠终检来判断产品的质量和控制产品的质量，也不可能将产品拆卸和解体来检查其内在的质量，对于不合格的零件进行更换。工程项目的终检无法进行项目内在的质量检验，无法发现隐蔽的质量缺陷，更无法进行部件的更换。

工程质量管理是确立工程质量目标及实施项目质量方针的全部职能及工作内容，并对其工作效果进行评价和改进的一系列工作，也就是为了保证工程项目质量满足工程合同、设计文件、规范标准所采取的一系列措施、方法和手段。

二、工程质量管理的活动过程

工程质量管理过程是指在质量方面指挥和控制工程项目的管理过程。为实现工程项目在质量方面的目标，工程质量管理过程主要包括质量策划、质量管理的实施、质量改进等活动。

（一）工程质量策划

工程质量策划是工程项目管理机构制定质量目标，规范质量管理过程，建立质量管理组织，识别质量管理资源等一系列的质量管理相关活动，它可以为质量管理活动的分工提供依据，为质量管理活动的资源筹措提供依据，为质量管理活动的检查与控制提供依据。在实际工程质量策划之前需要从事一系列的活动为制定规范、合理、实用的质量策划做基础，如明确与工程项目相关的利益方的质量需求、掌握现存的工程质量标准、明确目前工程项目质量管理中存在的问题，最后通过对工程质量需求、现状的分析做好工程质量策划书。一般来讲工程质量策划书应该包括工程质量的目标、工程质量管理的组织结构及职能职责、工程质量的保证措施、工程质量控制程序、对于工程质量通病的预防措施以及最终在工程实施中所采用的检测试验手段和措施等等内容。

（二）工程质量管理的实施

工程质量管理的实施是在工程项目全寿命周期中为实现质量目标所从事的一系列活动，项目的全寿命周期主要分为项目的前期策划、勘察设计、施工、竣工验收、保修试运行等几个阶段，工程质量管理的实施主要体现在这几个阶段里面。

在项目的不同阶段，工程项目质量管理的活动也有所不同。前期策划是指在工程建设前期通过认真周密的调查工作明确项目目标，构建系统框架，完成项目建设的战略决策，并为项目的有效实施提供指

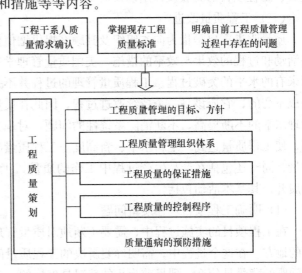

图1-5 工程质量策划

导，为项目的成功运营奠定基础，项目前期策划分为决策策划、实施策划和设计任务书三阶段。工程项目前期策划中质量管理主要体现在项目的构思要符合国家、地区、城市相关发展规划，项目调研、评价的客观性、全面性、科学性。

勘察设计阶段是对拟建工程的实施在技术上和经济上进行全面而详尽的安排，是基本

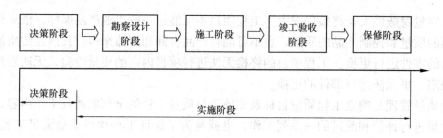

图 1-6 工程项目的决策阶段实施阶段

建设计划的具体化，是整个工程的决定性环节，是组织施工的依据。勘察阶段质量管理的活动主要有勘察单位的选择、对勘察方案实施的质量管理、现场工作的管控、勘查文件、后期服务保证以及勘查技术档案的管理等；设计阶段质量管理的活动主要有功能需求管理、设计单位的选择、设计过程的跟踪控制、设计审查以及设计技术档案的管理等。

施工阶段是工程实体最终形成的阶段，也是最终形成工程质量和工程使用价值的重要阶段，施工阶段的质量管理直接影响着建筑产品的质量。其中，施工准备阶段的质量管理活动主要体现在根据质量保证体系，落实质量责任；熟悉施工图与图纸会审；编制施工组织设计；组织技术交底；控制物资采购以及制定施工过程中对危险源的预防措施等。施工阶段的质量管理活动主要体现在对于材料设备检验、施工工序的管理以及实施质量检验等。

竣工验收是工程建设过程的最后一个环节，是全面考核基本建设成果、检验设计和工程质量的重要步骤。竣工验收阶段的质量管理活动主要体现在施工单位对工程项目的完工检验、工程项目的验收及评定以及对工程档案的整理等等。

（三）工程质量改进

质量改进主要是指为向本组织及其顾客提供增值效益，在整个组织范围内所采取的提高活动和过程的效果与效率的措施，美国质量管理学家朱兰认为质量改进是使效果达到前所未有的水平的突破过程。工程质量管理的过程并不是按照质量策划中所规定的管理活动一成不变的，它应该是一个持续改进过程，因此在质量管理的过程中，应该注重工程质量管理水平的不断提高，不断消除系统性的问题，对现有的质量水平在控制的基础上加以提高，使工程质量达到一个新水平、新高度。工程质量改进的对象不仅包括工程产品本身的质量，同时还包括在产品生产过程中工作的质量。工程质量改进一般按照 PDCA 循环过程展开，其基本活动包括：

（1）明确工程项目现存质量问题

在工程项目的实施过程中，需要不断地对质量管理的过程进行审视，发现组织需要改进的地方。在这个过程中，需明确要解决的工程质量问题为什么比其他问题重要；工程质量问题的背景是什么，到目前为止的情况是怎样的；工程质量问题会产生什么损失；确定质量改进的领导组织、预算、进度等。

（2）掌握工程质量问题现状

主要是在明确现存工程质量问题后，抓住问题的特征，调查问题发生的时间、地点、种类及特征等；从人、机器、材料、工艺、环境等各个不同的角度对工程质量问题进行调查；再次收集数据中没有包含的信息。

（3）分析工程质量问题的原因

通常采取鱼刺图对工程质量问题的原因进行分析，首先可以通过对产生质量问题的可能原因进行收集，并通过现状分析中的特征进行排除无关因素；其次，对排除以后的原因进行整理，并再次通过调查信息，决定主要的影响原因，并拟定改进活动的进度安排。

（4）拟定对策并实施

针对工程质量的问题准备若干对策方案，并分析各自的利弊，最后选择要准备的实施方案并给予实施。

（5）确认工程质量改进的效果

对工程质量改进的效果进行确认，如果确定错误，便会使得工程质量问题再次发生；如果不进行确认，也可能导致对工程质量改进的成果视而不见，从而挫伤了持续改进的积极性。对工程质量改进效果的确认，可以使用同一种图表将采取对策前后的质量特性值进行对比。

（6）防止再发生和标准化

工程质量管理的过程需要进行标准化，同样对工程质量改进有效的措施，要进行标准化，并纳入质量文件，以防止同样的问题再发生。防止再发生和标准化活动可以包括为改进工作，应再次确认5W1H，即 Why、What、Who、When、Where、How，并将其标准化，制订成工作标准；进行有关标准的准备及宣传；实施教育培训；建立保证严格遵守标准的质量责任制。

（7）总结

最后，对工程质量改进效果不显著的措施及改进实施过程中出现的问题，要予以总结，为开展新一轮的工程质量改进活动提供依据。

三、工程质量管理参与方的责任与义务

由于工程管理的社会分工和专业化趋势，工程项目的全生命周期涉及众多的参与者，一般包括业主、设计勘察单位、施工单位、监理单位等，工程项目的各方参与者的质量管理职责不同❶。

（一）业主的质量责任和义务

业主的质量责任和义务如下所述：

（1）应当将工程发包给具有相应资质等级的单位，不得将建设工程肢解发包。

（2）应当依法对建设项目的勘察、设计、施工、监理以及与工程建设有关重要设备、材料的采购进行招标。

（3）必须向有关的勘察、设计、工程监理等单位提供与建设工程有关的原始资料。原始资料必须真实、准确、齐全。

（4）不得迫使承包方以低于成本的价格投标，不得任意压缩合理工期、建设单位不得明示或者暗示设计单位或者施工单位违反工程建设强制性标准，降低建设工程质量。

（5）应当将施工图设计文件报县级以上人民政府建设行政主管部门或者其他有关部门审查，施工图设计文件未经审查批准的，不得使用。

（6）实行监理的建设工程，应当委托具有相应资质等级的工程监理单位进行监理，也

---

❶ 资料来源：丁士昭．工程项目管理 ［M］．北京：中国建筑工业出版社，2006.

可委托具有相应资质等级并与施工承包单位没有利害关系的设计单位进行监理。

(7) 在领取施工许可证或者开工报告前，应当按照国家有关规定办理工程质量监督手续。

(8) 按照合同约定，由建设单位采购建筑材料、建筑构配件和设备的，建设单位应当保证建筑材料、建筑构配件和设备符合设计文件和合同要求。

(9) 涉及建筑主体和承重结构变动的装修工程，建设单位应当在施工前委托原设计单位或者具有相应资质等级的设计单位提出设计方案，没有设计方案的，不得施工。

(10) 收到建设工程竣工报告后，应当组织设计、施工、工程监理等有关单位进行竣工验收。建设项目经验收合格后，方可交付使用。

【示例 1-2】

某地产公司的工程质量管理要点

某地产公司在长期地产开发过程中积累的经验和教训，编制成手册，要求各施工单位需执行，同时还要求监理公司将这些列为检查的重点；同时，集团及各分公司会定期进行检查；

质量管理中涉及检验批、检验程序等标准部分高于国家标准规定，同时公司要求乙方进场后在约定时间内编制详细的可供监理检查的切实可行的质量控制、施工安全管理、文明施工管理、施工测量控制、施工人员安排及管理架构（有管理人员及特殊工种上岗证、资格证）、施工材料设备进场计划（含分包及甲供材料）、总包单位与甲方指定分包单位现场配合事项、成品保护措施等的施工组织设计，并报送监理、甲方审批；

开工后 30 天内，乙方提交砌筑抹灰工程专项保质方案（含构造节点大样图）报送监理、甲方审批；乙方在收到甲方提供的防渗漏体系文件后 30 天内，根据该文件结合本工程实际，编制详细而具体的防渗节点深化设计图及专项保质方案报送监理、甲方审批。

工程实行周报和月报制度。工程周报在每周工程例会前一天报送甲方和监理，周报包括本周计划和上周完成工作、未完成情况说明（包括拟采取措施、最终完成时间）；工程月报由乙方在每月 25 日前向甲方及监理报送，主要内容包括《本月完成工程月报》和《下月施工计划》，《下月施工计划》必须具体、详细，包括人力安排、增加人力的来源、工程量等。

(二) 勘察、设计单位的质量责任和义务

勘察、设计单位的质量责任和义务如下所述：

(1) 应当依法取得相应等级的资质证书，并在其资质等级许可的范围内承揽工程。

(2) 设计单位应参与工程质量事故分析，并对因设计造成的质量事故，提出相应的处理方案。

(3) 设计单位应当就审查合格的施工图设计文件向施工单位做出详细说明。

(4) 需按照工程建设强制性标准进行勘察、设计，并对质量负责。注册建筑师、注册结构工程师等对设计文件负责。

(5) 勘察单位提供的地质、测量、水文等勘察成果必须真实、准确。

(6) 设计单位应根据勘察成果文件进行建设工程设计。设计文件应当符合设计深度要求，注明工程合理使用年限。

（三）施工单位的质量责任和义务

施工单位的质量责任和义务如下所述：

（1）应当依法取得相应等级的资质证书，并在其资质等级许可的范围内承包工程。

（2）对建设工程的施工质量负责应当建立质量责任制，确定工程项目的项目经理、技术负责人和施工管理负责人。建设工程实行总承包的，总承包单位应当对全部建设工程质量负责；建设工程勘察、设计、施工、设备采购的一项或者多项实行总承包的，总承包单位应当对其承包的建设工程或者采购设备的质量负责。

（3）总承包单位依法将建设工程分包给其他单位的，分包单位应当按照分包合同的约定对其分包工程的质量向总承包单位负责．总承包单位应当对其承包的建设工程质量承担连带责任。

（4）必须按照工程设计图纸和施工技术标准施工，不得擅自修改工程设计，不得偷工减料。在施工过程中发现设计文件和图纸有差错的，应当及时提出意见和建议。

（5）必须按照工程设计要求、施工技术标准和合同约定，对建筑材料、建筑构配件、设备和商品混凝土进行检验，检验应当有书面记录和专人签字；未经检验或者检验不合格的，不得使用。

（6）必须建立、健全施工质量的检验制度，严格工序管理，做好隐蔽工程的质量检查和记录；隐蔽工程在隐蔽前，应当通知建设单位（监理单位）和建设工程质量监督机构。

（7）施工人员对涉及结构安全的试块、试件以及有关材料，应当在建设单位或者工程监理单位监督下现场取样，并送具有相应资质等级的质量检测单位进行检测。

（8）对施工中出现质量问题的建设工程或者竣工验收不合格的建设工程，应当负责返修。

（9）应当建立、健全教育培训制度，加强对职工的教育培训；未经教育培训或者考核不合格的人员，不得上岗作业。

（四）工程监理单位的质量责任和义务

工程监理单位的质量责任和义务如下所述：

（1）应依法取得相应等级的资质证书，并在资质等级许可范围内承担工程监理业务。禁止超越本单位资质等级许可的范围或者以其他工程监理单位的名义承担工程监理业务。禁止允许其他单位或者个人以本单位的名义承担工程监理业务。不得转让监理业务。

（2）与施工承包单位以及建筑材料、建筑构配件和设备供应单位有利害关系的，不得承担该项建设工程的监理业务。

（3）未经监理签字，建筑材料、构配件和设备不得在工程上使用或者安装，不得进行下一道工序的施工。未经总监理工程师签字，业主不拨付工程款，不进行竣工验收。

（4）应当依照法律、法规以及有关技术标准、设计文件和建设工程承包合同，代表业主对施工质量实施监理，并对质量承担监理责任。

（5）监理工程师应当按照工程监理规范的要求，采取旁站、巡视和平行检查等形式。对建设工程实施监理。

（五）材料设备供应商的质量责任与义务

材料设备供应商的质量责任和义务如下所述：

（1）材料设备供应商应对所生产或供应的产品质量负责，具备相应的生产条件和技术设备。

（2）配备必要的检测人员和检测设备。

（3）建立质量保证体系。

（4）按照合同条款的要求进行质量验收。

四、工程质量管理的现状与发展趋势

（一）工程质量管理现状

现行的建设工程质量监管模式主要是由《建筑法》、《建筑工程质量管理条例》等法规所确立，是一种由政府、业主和建筑产品生产者三个层次构成的对建筑产品质量监督和控制的体系。目前，全国所有省、直辖市、自治区及地级市都建立了工程质量监督机构，95％以上的县建立了工程质量监督站，全国共有质量监督站4000多家，拥有质量监督人员4万人，形成了相当规模的技术密集型监督队伍。但是，现行的监管体系逐渐暴露出了与客观形势不相适应的问题，主要表现在组织层面及操作层面两个方面。

在组织层面，主要包括以下问题❶：

（1）政府质量监督部门没有真正摆脱承担质量责任的角色。虽然目前的工程质量采取"谁核定，谁负责"的原则，政府质量监督部门只对工程质量验收的程序、内容、使用的规范及施工过程中参建各方的质量行为和质量保证体系进行监督，不再参与质量监督的微观活动，但是社会和参建各方依然习惯于把一部分责任推卸给质监站。

（2）监督机构从业人员工作思路尚未转变。虽然监督模式的转变已经有5年多，但相当多的从业人员的工作思路尚未转变，还是只关注实物质量，没有把质量行为和质量保证体系作为检查的重点。另外，巨大的工程建设量与偏少的从业人员的矛盾，这使得从业人员既要抓质量行为又要抓实物质量，往往不堪重负。

（3）质监人员综合素质有待提高。在专业技术方面，一些监督人员不能及时掌握最新的技术要求，以至于对实物质量的检查力度不够，对质量行为的检查流于形式。在能力方面，一些监督人员由于没有职业技能考核、没有执业资格认定的压力而缺乏竞争意识和进取精神。另外，在一些社会不良思潮的影响下，某些监督站自我廉政、勤政约束机制不够健全，从而影响部分工程质量监督的力度和深度，这直接削弱了政府监督的有效性和权威性。这些问题的存在，根本原因在于现行的工程质量监督模式与市场经济客观要求存在不匹配之处。

在操作层面，主要存在以下问题❷：

（1）偏重施工质量监督，忽视设计质量监督

许多人认为，施工质量应当是工程结构实体质量的关键，总是在施工过程中严格控制各工序流程的疏漏问题，这在质量管理及隐患造成根源上产生了明显偏差。设计研究院多考虑了建筑外观造型、结构形式新颖等因素，考虑地区环境差异、抗震构造、施工条件限

---

❶ 资料来源：封定远. 纵观国外及香港地区工程监管模式，试论我国工程质量监管体系的创新［A］. 上海：建设工程质量华东论坛论文集，2006.

❷ 资料来源：郭汉丁，王凯. 建设工程主体结构质量政府监督的理论探讨［J］. 华中科技大学学报（城市科学版），2006（2）：17-21.

制和整改难度等很少，在施工过程中变更核定单手续出具也较繁琐。鉴于这些情况应当加强图纸会审和工程设计方案的竞选招投标工作，使其规范化、合理化、制度化。

（2）偏重土建质量，忽视功能和配套设施及设备的质量

在政府部门组织的质量审查及竣工验收中，问题整改通知上多集中在土建方面，对水、暖、电、智能、电梯、防火、卫生、设备等配套设施检查力度较小，容易被忽略，施工方容易蒙混过关。因而，要保证整个工程质量，加强对非主专业工程的质量管理也是十分重要的。

（3）偏重表面质量，忽视隐蔽质量

一般工地检查质量、评估工程、竣工验收和用户反馈意见等，往往偏重于外露的质量问题，对较隐蔽的质量问题较容易忽视。因此，必须加强对隐蔽工程质量问题的监督和检查，这就需要业主、施工、监理做好协调配合隐蔽报检及签字验收、资料整理审查等工作；监理旁站跟踪、督促整改、严格管理，把由隐蔽不合格引发的质量隐患彻底消灭。

（4）偏重施工阶段现场质量管理，忽视工序进行前的准备工作管理

施工过程中往往盲目急切追求节省工期和人员配置开销，而导致在管理结构体系上遗留下监督某些必要工作进展情况的严重空缺。这些都源自于对工序进行前可能出现的问题预料考虑不全面，反而造成窝工、怠工和人员、材料、机具、资金的不必要浪费，延误了正常施工进度。可见，加强施工前期的准备工作，是保证建设项目施工质量的前提。

（5）偏重个体计划质量及施工进度，忽视整体效率

开发商和建设业主为避免工期拖延而尽早回收资金，通常几个班组轮流作业，加班加点，但由于其他相关工程来不及施工，许多遗留问题暂时不能处理解决，而用户虽已缴纳足够房款却迟迟不能入住。由此可见，重视个体计划质量及施工进度固然重要，但更要重视整体效率。

综上所述，建设工程项目质量管理应从开工前期逐项进行控制，从多方面采取措施把握关口，把容易忽视与偏重的几方面问题相协调配合，以确保完成高品位、高质量、高效益的建设项目并能及早使用。

（二）工程质量管理发展趋势——信息化

随着我国信息化的高速发展和不断应用，其影响已波及传统建筑业的方方面面，近年来，随着经济建设的持续发展，市场经济环境日益成熟，工程建设规模不断扩大，建设工程质量监督活动与日俱增，相关法律法规不断健全，要求工程质量监督工作的效率相应提高。

在国际上日本的建设工程质量名列世界前茅，同时日本的建设工程质量政府监督管理信息化也是世界最好的。信息技术在我国建设工程质量监督管理信息化主要是基于网络技术的发展而发展的。随着网络技术的迅猛发展，建设部于 2003 年发布了《2003～2008 年全国建筑业信息化发展纲要》，这标志着我国建设工程质量政府监督管理体制信息化建设也随之进入政府规划的快车道阶段❶。

近年来，我国在建筑业监督管理信息化建设方面取得了长足进展。但整体水平和政府监督管理信息化发达国家相比，还有很大差距，差距主要体现在组织机构建设方面、利用

---

❶　资料来源：丘秋风．浅谈建设工程质量的现状与管理办法 http：//www．yueqikan．com

市场化手段研发相关软件方面、信息化标准制定方面、相关数据库建设方面及整体规划方面❶。

目前，信息技术在我国建设工程质量监督管理中的应用功能主要体现在图 1-7 所示的几个方面。

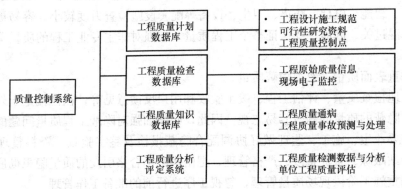

图 1-7　工程质量控制系统的主要功能

进行建设工程质量监督管理信息化建设主要用来解决如下问题❷：

（1）解决监督检查的工作内容及工作的规范化、程序化问题。针对某一个单项或分项工程，系统通过随身电脑的嵌入式软件或其他形式的客户终端，以国家和住房和城乡建设部工程质量验收规范及相关规程、规范、强制性条文，法规文件为依据，引导确定监督检查的内容。

（2）解决监督检查过程中所采用的标准问题。系统通过随身电脑的嵌入式软件或其他形式的客户终端，提供向导性的监督检查程序和强大的现场帮助支持查询计算系统，引导监督人员在施工现场完成质量信息的实时采集测评，并对检查不合格的项目给出处理意见。

（3）解决监督检查结果的管理运用问题。整个信息化系统要建立一个与随身电脑或其他形式的客户终端可进行实时信息传递的基于互联网的网络数据库，方便管理者对监督检查信息和监督人员的实时管理控制。

【示例 1-3】

信息化在上海世博会的应用❸

2010 年上海世博会是首次在发展中国家举办的综合性世博会。从 2002 年 12 月 3 日申办世博会成功到 2010 年 5 月 1 日开展，无论从时间跨度还是建设规模方面考量，都是对办好世博会项目的一项挑战。而使用项目管理软件来辅助世博会的筹办，则更是一个具有重大意义的举措。

❶　资料来源：王春生，王淞，刘宁．对我国建筑工程质量管理现状及发展趋势的思考［J］．沈阳建筑工程学院学报（社会科学版），2000，2（2）：5-8．

❷　资料来源：丁士昭．对工程管理信息化的理解和思考．http：//wenku．baidu．com/view/7e27481c650e52ea5518986f．html

❸　本案例来源：林略，艾伟，孙燕．上海世博会工程建设项目 P3e/c 应用实证分析［J］．实践与集锦，2010．

上海世博会项目的系统复杂、项目联系紧密、项目干系人多的特点对上海世博会项目管理工作提出了以下要求：

1. 实现协同工作的多项目管理平台。该平台不仅帮助世博会工程建设单位编制符合要求的进度计划，还及时对工程进度进行更新和维护，协调资源、费用，掌握资金流向。通过不断优化项目计划，对项目实施动态跟踪和即时监控来保证开发与建设计划的顺利落实。同时世博工程项目众多，只有通过项目组合分析的方式才能实现世博会战略全局的决策以及各项目优先级的调整。

2. 实现整个项目建设过程的可视性与可控性。世博项目工期紧、技术复杂、场地分散，协调、沟通工作量大。除需要有一个良好的工作平台，使各参建单位共同参与、协同工作外，还要实现多项目计划的协调编制，实现在统一的计划体系网络下指导项目实施，监控项目状况。这就要求世博的项目管理具备对整个系统建设过程的可视性与可控性。

3. 实现对项目进展情况的准确把握。这就要求固定周期进行项目的进度反馈以及工程量和实际费用的汇报。要求做到对工序延误的及时监控以及由此对工期所造成的影响的及时报告、处理和跟踪。

4. 实现项目费用的审核与监控。复杂的系统和繁多的项目，增加了对费用的审核与监控难度。在世博项目上为了合理分配项目费用，要求在项目管理过程中能够严格按照工程款的申请流程，高效地实现对工程费用的审核与监控。

5. 实现低风险、高胜算几率的人、流程和工具（PPT）的完美融合。要有一套整体的解决方案，来实现人与项目管理工具的融合、工具与流程的融合以及人和流程的融合。减少项目各层组织之间的摩擦和沟通障碍，实现投资收益率（ROI）的最大化。

根据上述要求，由同济大学主导开发的上海世博会工程建设指挥部办公室信息平台（图1-8），到2009年底运行了3年时间，在这3年辅助项目管理的过程中，该信息平台表现出色，其反映多项目多层次计划的能力；严谨的责任与目标管理机制、用户；促进项目沟通与信息共享的项目信息门户功能；结合进度计划辅助关键业务处理功能；项目信息综

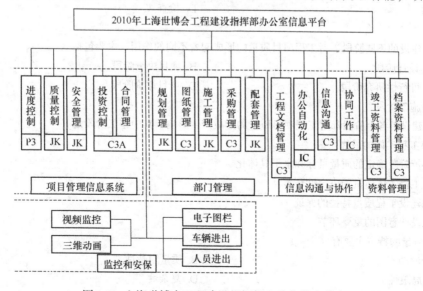

图1-8　上海世博会工程建设指挥部办公室信息平台

合管理能力，多维度统计分析，动态报表功能；支持知识积累与利用功能，不但完全地符合了世博会园区项目管理信息化要求，同时大大提高了整体工程质量。

复习思考题

一、单项选择题

1. （ ）是指工程满足业主需要的，符合国家法律、法规、技术规范标准、设计文件及合同规定的特性综合。

A. 质量   B. 工程质量

C. 产品质量   D. 质量体系

2. PDCA 循环中，处置阶段的主要任务是（ ）。

A. 明确目标并制定实现目标的行动方案

B. 展开工程的作业技术活动

C. 对计划实施过程进行各种检查

D. 对质量问题进行原因分析，采取措施予以纠正

3. 工程质量控制是指致力于满足工程质量要求，也就是为了保证工程质量满足（ ）和规范标准所采取的一系列措施、方法和手段。

A. 政府规定   B. 工程合同

C. 监理工程师规定   D. 业主规定

4. 工程质量控制，包括监理单位的质量控制、勘察设计单位的质量控制、施工单位的质量控制和（ ）方面的质量控制。

A. 主管部门   B. 建设银行

C. 政府   D. 社会监理

二、多项选择题

1. 质量控制是在明确的质量目标条件下，通过行动方案和资源配置的（ ）来实现预期目标的过程。

A. 计划   B. 实施

C. 控制   D. 检查

E. 监督

2. 工程建设的不同阶段，对工程项目质量的形成起着不同的作用，主要包括（ ）。

A. 工程设计阶段   B. 项目决策阶段

C. 项目可行性研究阶段   D. 项目评价阶段

E. 工程施工阶段

3. 工程建设的各个阶段都对工程项目质量的形成产生影响，其中施工阶段是（ ）。

A. 确保工程实体的最终质量

B. 使决策阶段确定的质量目标和水平具体化

C. 形成工程实体质量的决定性环节

D. 实现建设工程质量特性的保证

E. 实现设计意图的重要环节

4. 工程质量的特点主要有（ ）。

A. 质量波动   B. 质量隐蔽性

C. 终检局限性   D. 复杂性

E. 影响因素多

三、简答题

1. 简述质量的内涵。

2. 简述质量的形成机理。

3. 工程质量管理的职能活动有哪些？

4. 工程质量管理中，政府的责任与义务有哪些？

5. 简述质量管理基本思想中的质量成本理论。

选择题参考答案

一、1. B；2. D；3. B；4. C

二、1. ABDE；2. ABCE；3. CDE；4. ABCE

第二章 工程项目前期策划阶段的质量管理及质量策划

第一节 什么是前期策划阶段质量管理？

一、为什么要进行前期策划阶段质量管理？

对于工程项目随着项目的逐步推进，累计投资是逐步增加的，但是对项目的影响却是逐步减少的，如图2-1所示。因此，注重前期策划阶段的质量管理对整个项目质量有着重要的意义。

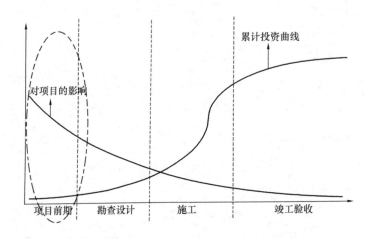

图 2-1 项目各阶段累计投资、对项目的影响变化曲线

二、前期策划质量是什么？

项目前期策划阶段是对项目进行整体的描绘，进行项目定义并对项目实施过程进行深入的、具有可操作性的、充分可行性的、系统的、动态的策划。这个阶段的质量管理主要体现在策划质量的管理。

按照内容划分，前期策划部分分为决策策划、实施策划和设计任务书三个部分。其中决策策划又包括了环境调查分析、项目定义和功能分析、功能经济策划、项目产业策划；实施策划部分又包括了项目对象分解、工作任务分解、组织结构分解。

三、前期策划质量管理的依据

前期策划质量管理的主要依据有：环境调查分析报告、产业策划报告、项目定义与功能分析策划报告、项目经济策划报告、项目实施策划报告、项目开发与运营政策专题研究、规划设计任务书。

第二节 如何进行决策策划的质量管理?

一、环境分析的质量管理

【示例 2-1】

中山大东裕项目环境分析❶

（一）建设环境

中山市位于珠江三角洲中南部，北连广州，毗邻澳门，各项配套资源具有明显优势，商业发展具备较好基础，而且位势明显，90 公里半径范围内有广州、深圳、珠海、香港、澳门等 5 大机场，战略意义突出。

（二）宏观经济环境

近年来中山市 GDP 快速增长，但受全球经济危机影响，由高速发展进入低缓阶段；

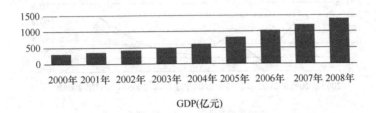

图 2-2 中山市近年 GDP

2008 年，中山市第三产业发展相对滞后，对房地产发展尤其是价格上升有一定制约作用；

图 2-3 2007 年三种产业结构

居民收入持续快速增长推动房地产市场发展。

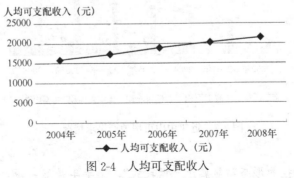

图 2-4 人均可支配收入

---

❶ 本案例来源：美格行：中山大东裕项目市场调查分析报告.

（三）市场环境

近几年中山市固定资产投资和房地产投资的绝对数额不断增长，消费者对房地产保持着较强信心，特别是 2006、2007 年房地产投资涨幅达 38％、57％；2008 年受到政策紧缩和金融风暴影响，投资、消费信心缺乏，涨幅较低；房地产及商业进入减缓发展时期，同时市场竞争也将不断加剧。

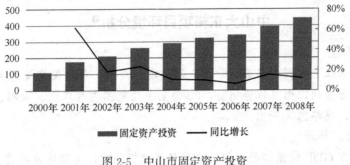

图 2-5　中山市固定资产投资

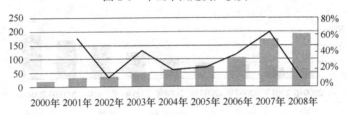

图 2-6　中山市房地产投资

从近年数据看，中山市房地产市场是长期供大于求的，每年都会增加一定的空置房，经历 2008 年，这种现象将长期深刻持续影响房地产市场投资供求关系，"买方市场"将成为现实，这也将造成中山房价进入下行通道。

图 2-7　近年中山市房地产供求情况

（四）政策环境

2008 年房地产调控的形态明显属于"两段式"，上半年是第一段：宏观调控依然沿袭 2007 年紧缩式调整，甚至间或还有个别进一步紧缩的政策出台；下半年属于第二段：宏观调控渐渐转向，政策慢慢放松，《关于促进房地产市场健康发展的若干意见》在内的多项重要措施出台,紧缩型调控越放越松,性质渐变。预计 2009 年房产政策会由放松转为紧缩。

环境调查与分析为项目定义和功能分析提供了依据,进而也是整个前期策划阶段的基础,内容主要包括以下几个内容:建设环境(能源、基础设施等)、建筑环境(风格、主色调)、市场环境、自然环境、政策环境、宏观经济环境。环境分析的质量控制点主要体现在:

(1) 需要调查项目周边的基础设施配置情况,能源供应情况;

(2) 调查周边建筑物的主要色调,风格,避免项目与周边建筑格格不入,影响建筑的感官质量,调查建筑所在地区城市规划;

(3) 市场环境的调查分析应包括当地土地价格、建设成本、市场供应量与需求量、已建成项目的销售状况等;

(4) 调查地块所在地的宏观地理资料、地块红线、蓝线、紫线等资料,使得项目功能符合地块所在地的实际情况;

(5) 调查地块上附着物情况;

(6) 调查地块所在地的社会、文化情况;

(7) 调查地块所在地的经济情况,包括地区产业类型、经济发展水平、人均收入、消费水平、商业发展情况;

(8) 密切关注国家及地方规定、标准、规范的变化,主要了解土地使用、规划设计、拆迁安置、开发管理、建筑施工、销售、税收、物业管理、新的政策措施、工作部署等,近期出台的关于住房制度改革。

二、项目定义和功能分析的质量管理

【示例 2-2】

中德友好医院项目定义及功能分析[1]

(一) 总体构思

——建设目标:建设一所承担医疗、保健、教学和科研等综合功能的、中德合资的、大型高等级综合性医院;

——合作对象:德国著名医科大学、医院、设备供应商和著名的医院经营管理企业(如汉诺威医科大学、西门子公司等);

——服务对象:国内外人士,满足不同层次社会群体的医疗卫生保健需求,形成高水平的医疗特色和优质服务,争取成为上海市标志性的现代临床医学中心之一,成为国际、国内知名的大型医学中心;

(二) 建设规模

——建设规模为 1000 张床位。坚持德国标准进行规划、建设、运营和管理。项目一次规划,分期建设。一期工程 400 张床位,拟于 2007 年建成并向社会开放,每年可治疗病人 18000 人,承担住院手术 15000 人次,接待门诊病人 100000 至 200000 人次;

---

[1] 本案例来源:中德友好医院项目前期策划报告.

——总建筑面积 65000 平方米，总投资估算 2.12 亿欧元。根据德国标准，拥有包括医生、护理人员、医技人员、后勤人员、仪器设备维修人员、行政管理人员等六大类人员。

（三）功能组成

——将建设整体器官移植中心、神经中心、心血管中心、急救中心、基础及应用医学研发中心等五大医学中心，打造现代医学公共平台。

项目定义和论证是根据环境调查与分析的结果确立开发或建设的目的、宗旨以及指导思想并确定项目的规模、组成、功能、标准和布局、总投资以及开发或建设周期。项目定义与功能分析的质量控制点主要有：

（1）项目定义符合国家的中长期发展规划、区域规划、城市发展战略规划；

（2）正确选择目标居民或目标使用人群；

（3）合理确定项目的组织构成，组织构成体现了项目功能的定位；

（4）应符合项目周边建筑的主要色调和建筑风格；

（5）项目规模大小应该根据环境调查分析、预期的融资能力、选定的目标人群等合理确定；

（6）进行相关的标杆研究，尽量避免主观，提高科学性；

（7）制定合理的总目标，包括质量目标、进度目标、投资目标，为后来进一步的项目目标规划做好准备，是对项目进行合理的预期；

（8）对项目进行初步可行性研究。

三、经济策划的质量管理

为了考察项目经济是否可行，需要进行项目的经济策划，这个过程包括项目总投资估算、融资策划、经济评价三个方面的内容。项目经济策划中的质量控制点主要有：

（1）投资估算和效益分析要切合实际。

（2）投资估算是融资策划的基础，是保证项目资金正常供应的前提。投资估算重点要把各种费用尽可能的合理估算，其中第一部分工程费用的估算很重要，是前期工程费用、税金、不可预见费、管理费等计算的基础。

（3）资金筹措主要评估资金来源是否可靠，融资方式是否可行，筹集数量能否满足要求[1]。融资前公司要关注金融市场利率变化、通货膨胀、国家政策变化引起的银行紧缩银根变化等情况，事先进行预测和分析，防范资金不到位而引起的工期延误。要加强与金融机构的合作，制定准确的项目资金需求计划，确保银行放贷能够满足施工过程的资金需求。

（4）通过对项目投资收益率、内部收益率、自有资金收益率、投资回收期等的计算，进行定价模拟和投入产出分析，评估项目的开发价值，并对其进行可行性分析，就开发风险规避进行策略提示；对项目进行成本分析、效益评价，并就开发节奏与投资控制提出专业意见[2]。效益分析的关键是投入产出的数量和价格，重点评估所用各种基础数据是否准

---

❶　资料来源：夏光，杨华．建设项目可行性研究报告评估要点．合肥工业大学学报，2001．

❷　资料来源：张峥华．蟠龙云水旅游度假区的项目策划研究——旅游房地产的项目策划研究（D）．东南大学．

确。要评估经济评价指标计算是否正确❶。

四、产业策划的质量管理

【示例 2-3】

山大路科技商务区项目产业策划❷

山大路科技商务区产业发展的基本思路：把山大路科技商务区建设成为具有资源凝聚力、区域辐射力、产业推动力和研发创新能力的"三个中心，一个基地"：区域科技产品贸易中心、区域科技创新中心、区域物流信息中心和区域中小高科技企业孵化、培训基地。

山大路科技商务区信息产业现状分析：分别对山东省、济南市、历下区以及山大路科技商务区的产业情况进行充分的调查：

（1）山东信息产业在全国的位次由前几年的第九位上升到第三位；

（2）济南市科技活动的诸多方面与先进相比有一定差距；

（3）信息企业集聚和集群，带动了一批小型企业的快速发展，共同构成历下辖区的信息产业集群。同时，围绕高新技术产业形成的信息产业贸易类企业集聚成为科技市场群成为北方仅次于中关村科技市场群的信息产品集散地和信息技术服务中心，出现"贸、工、技"发展态势，构成历下区发展信息产业的重要基础，新型大型电子产品卖场三联、国美、苏宁不断进入周围地区，推动了历下区信息产品贸易和相关服务业发展；

（4）民营科技企业是山大路科技商务区经济发展的支柱。

山大路科技商务区产业发展的现实市场需求　　　　　　　　　　　表 2-1

序号	客观存在的现实需求	近、中期可以考虑发展的项目
1	辐射区域内产业高度化和电子商务发展的需求	面向企业电子商务和信息服务业发展，平板显示器、行业软件、工业计算机、ERP、中药单体等
2	区域内各级政府电子政务建设的需求	从事电子商务的信息服务业、政务网络、公共信息平台建设等
3	区域内信息产品消费需求	数字电视机顶盒、小硬盘、GPS、网络游戏、U盘、LED
4	国防现代化对信息技术和产品的需求	军用电脑、军事数字化装备、军事后勤管理系统、民兵预备役建设所需要的网络和硬件等
5	国际市场需求	中间件的研发、软件外包等

（5）山大路科技商务区产业发展策划与当前城市产业发展的三大趋势

山大路商务区面临产业集群化、商业组织模式升级与 3c 融合等当前城市产业发展的三大趋势，决定了山大路科技商务区的发展的主要趋势与方向。

（6）山大路科技商务区产业发展对策

①错位经营战略

山大路科技商务区的错位经营战略主要体现为三个层次的内容：在有效辐射圈内进行

---

❶　资料来源：夏光，杨华. 建设项目可行性研究报告评估要点. 合肥工业大学学报，2001.

❷　本案例来源：崔政. 科技商务区项目策划研究（D）. 硕士学位论文，同济大学，2006.

全方位市场开发，并根据这一区域的发展水平和需求结构来安排有效的供给；在区域内部与青岛、烟台、威海等沿海城市形成市场上的错位互补关系；在济南市内与高新技术开发区、东部产业带形成产业上的错位互补关系，在此基础上发挥山大路科技商务区在区域高科技产品贸易市场的龙头地位，带动区域经济的发展。

②分步走战略

指定较为可靠的发展目标，发展目标的实现过程可以分为三个阶段（2005～2010、2011～2015、2016～2020），分别以信息产业、生物技术产业、新材料、新能源、先进制造业等高新技术产业为主导产业来发展。

项目的产业策划主要包括产业现状分析，市场需求分析，项目产业结构、产业布局与产业发展导向、产业发展中面对的问题分析，产业发展对策等。产业策划的质量控制点主要有：

（1）所有的分析都要建立在详细调查的基础上，用可靠的数据来支持；

（2）正确把握项目所在地的产业现状；

（3）分析产业发展趋势，并制定合理的发展对策，使得项目在面对各种问题时能够打有准备之战；

（4）全面分析项目所在地市场需求，需求的大小关系到项目规模和产业结构的确定；

（5）产业现状分析应全方位多层次进行，以免判断失误，达不到投资效益；

（6）为项目的进行合理的产业定位，包括产业结构、产业布局与产业发展导向等；

（7）制定项目的产业发展战略，指导项目各产业有条不紊的发展，避免盲目性。

第三节　如何实施策划的质量管理？

一、项目对象分解的质量管理

项目管理可分为三维视角来管理，分别为项目维、目标维、组织维，而项目维管理的主要工作是项目对象的分解 PBS。

项目对象的分解的内容包括工作任务分解与组织结构分解。工作任务分解结构（Work Breakdown Structure，WBS）：以可交付成果为导向对项目要素进行的分组，它归纳和定义了项目的整个工作范围每下降一层代表对项目工作的更详细定义。组织分解结构（organizational breakdown structure，OBS）：在项目管理中以图形的形式描述团队中的角色和关系。

项目对象分解的质量控制点主要有：

（1）不能把工作任务分解与项目对象分解混为一谈；

（2）组织结构分解应能让各个部门明确自己的责权关系；

（3）工作分解结构应清晰地表示各项目工作之间的相互联系；

（4）WBS 分解原则：横向到边，纵向到底。横向到边指 WBS 分解不能出现漏项，也不能包含不在项目范围之内的任何产品或活动，纵向到底指 WBS 分解要足够细，以满足任务分配、检测及控制的目的；

（5）分解的标准：最终分解到工作包，分解后的活动结构清晰，必须包含项目管理这一项,逻辑上形成一个大的活动,集成了所有的关键因素,包含临时的里程碑和监控点,所有活动全部定义清楚。

【示例 2-4】

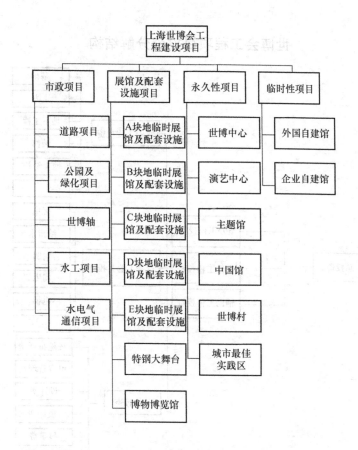

图 2-8 世博会工程项目对象分解

二、项目投资分解的质量管理

投资分解结构是项目目标维的管理,工作任务分解分别与费用分解结构相结合形成投资分解结构。

图 2-9 投资分解结构分解

投资结构分解的质量控制点主要有:

(1)投资分解结构既体现项目的组成,又体现了各组成单位的费用构成,为成本目标控制提供依据;

(2)一般项目投资可以分解为三种不同的方式:基建费用组成、时间、项目组织子项目。而投资分解结构综合运用了这三种方式。不同规模的工程应根据实际情况选用不同的方式。

【示例2-5】

世博会工程项目投资分解结构

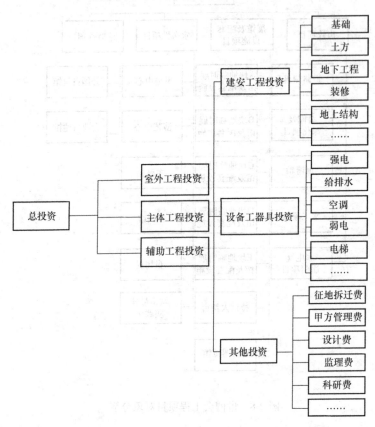

图 2-10 投资分解结构示例

三、组织结构分解的质量管理

合理的组织结构分解，通过合同分解结构和信息分解结构来实现。在组织分解结构中体现参建各方之间合同关系，就形成了合同分解结构；在组织分解结构中体现参建各方之间信息共享和沟通方式，就形成了信息分解结构。组织结构分解的质量控制点主要有：

(1) 组织结构分解不是一成不变的，应随着阶段的变化而逐渐调整；

(2) 不同的承发包模式，对应不同类型的合同分解结构；

(3) 合同分解应能包括有合同关系的各方，并且明确标识各方合同关系；

(4) 不同的信息交流传递方式决定了不同的信息分解结构；

(5) 根据项目特点选择合适的信息分解，保证组织内信息有效、顺畅地流通；

(6) 利用信息化技术实现信息分解结构，是处理复杂项目信息管理的有效途径。

第四节　如何编制设计任务书？

一、设计任务书的编制依据

设计任务书是前期策划的成果，是设计的主要依据，对工程项目质量的影响重大。它的编制过程是对一个建设产品的目标、内容、规模、功能、标准进行研究、分析、确定的过程，主要依据是批准的项目建议书和经过充分论证、审议的可行性研究报告。

二、设计任务书的质量管理

（1）设计任务书应明确以人为本的要求，人所需要的空间应非常明确的定义；

（2）设计任务书的编制要按照相关规定执行，其深度要满足开展设计的要求；

（3）设计任务书应能明确初步设计的范围和深度；

（4）设计单位要积极参与编制过程；

（5）设计任务书应包括项目组织结构图、项目功能分析、面积分配、各专业工种设计要求、对概算编制的要求；

（6）设计任务书编制的重点是满足业主对功能的要求；

（7）设计任务书的编制应有弹性，一定程度上适应外部环境和需求的变化；

（8）设计任务书应包括对设计成果的定量和定性的要求，如：建筑类型要求、建筑风格要求、设计成果应满足相关专业规范要求、满足市场定位要求、满足主要技术经济指标等；

（9）设计任务书应鼓励设计单位在设计和技术上创新，提升市场附加值。

第五节　如何进行工程质量策划？

一、什么是工程质量策划？

工程质量策划是工程项目管理机构制定质量目标，规范质量管理过程，建立质量管理组织，识别质量管理资源等一系列的质量管理相关活动，它可以为质量管理活动的分工提供依据，为质量管理活动的资源筹措提供依据，为质量管理活动的检查与控制提供依据。

可以将工程质量策划归纳为以下几点：

（1）工程质量策划的目的是设定质量目标，并确定必要的作业过程和所需要的相关资源。

（2）工程质量策划是继确定工程质量方针后建立质量管理体系的主要过程。

（3）工程质量策划是确保工程质量管理体系的适宜性、充分性和完整性，使质量管理体系运行有效的重要活动。

工程项目的质量策划中需要注意以下几点：

（1）项目质量目标策划需要考虑项目本身的功能性要求、外部条件、市场因素、质量经济型等因素；

（2）运行过程策划需要明确影响项目质量的各个环节，质量管理程序，质量管理措施，质量管理方法等；

（3）质量策划应确定相关资源，包括建立相应的组织机构，配备人力、材料、检验试验机具等；

（4）质量策划应以质量方针、项目成果说明、产品描述、顾客对项目在目前和未来的需求和期望、专用标准和规则、同行的水平和未来的态势等为依据。

因此，工程质量策划是围绕项目所进行的质量目标策划、运行过程策划、确定相关资源等活动的过程。一般来讲，工程质量策划的活动主要包括：确定工程质量目标，建立工程质量管理的组织体系，质量保证措施，工程质量控制程序以及质量通病的预防等等。

（一）确定工程质量目标

工程质量目标是工程项目在质量方面所追求的目的，工程质量目标的建立为工程项目参与人员提供了其在质量方面关注的焦点，同时，工程质量目标可以帮助项目管理机构有目的地、合理地分配和利用资源，以达到策划的结果。

【示例 2-6】

某工程项目质量目标

工程质量目标为确保工程质量符合现行国家标准与规范的相应规定和要求，争创省优质结构。为使本工程质量的总目标能够顺利实现，故划分为以下几项分目标，以实现分目标来确保总目标的实现，分目标如下：（1）分部、分项工程合格率 100%；（2）分部、分项工程优良率 85%；（3）杜绝重大质量事故。

（二）建立工程质量管理的组织体系

为实现工程质量目标，需要建立工程质量管理的组织机构，并明确各部门、人员的职责，因此，工程质量管理的组织体系主要包括组织管理机构、部门及人员的岗位职责。

【示例 2-7】

某工程项目质量管理组织机构

为使工程各项质量管理工作以及各项质量保证措施得到真正落实，项目部成立以项目经理为组长的质量管理组织机构：

其中项目经理及总工程师质量保证岗位职责为：

（1）负责做好项目部内外的施工协调及日常质量管理工作；

（2）监督工程使用材料的质量、施工质量及进度控制，确保工程的质量；

（3）项目经理是项目部保证工程质量的第一责任人，必须坚持"百年大计、质量第一"的方针；

（4）总工程师对整个工程的质量负责，是项目部保证工程质量的直接责任人，监督检查各专业施工的质量情况，对项目经理负责；

（5）项目副经理对各工种施工质量负直接责任，监督检查各工种的施工质量情况，并对下属各部门进行指挥调度。

质安部保证质量岗位职责为：

（1）对本工程的施工安全进行监督检查，组织项目管理部门对本工程的质量安全进行检查。

（2）对项目经理负责，对本工程进行定期检查和不定期抽查，监督项目各区分部质量安全工作，对不符合质量安全要求的，做好《监督检查记录》，限期整改。

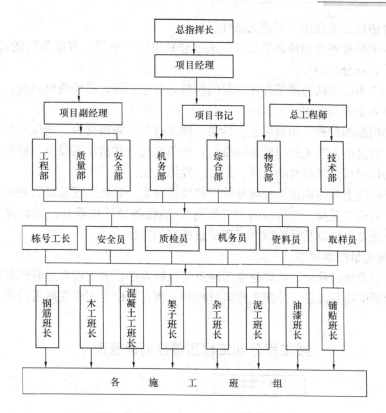

图 2-11 某工程项目质量管理组织机构

工程部质量保证岗位职责为负责保证本工程所使用的标准、规程、规范、图纸、工艺等文件确保符合文件和资料控制程序的规定以及满足本工程的需要。

(三) 工程质量保证措施

在工程质量管理过程中，需要提前制定质量保证措施，在项目实施过程中可以根据事先制定的措施实施工程质量管理活动。工程质量保证措施主要包括人员管理措施，组织保证措施，施工用材料、构配件的质量控制措施以及技术保证措施。

人员管理措施主要体现在：

(1) 提高全员质量意识和技术素质。

(2) 质量保证体系要正常运转，各负其责，并做到奖罚分明。

(3) 树立"百年大计，质量第一"和"质量是企业的生命"的思想，通过各种形式将这一思想落实到每个人员的行动上，强化全员质量意识。

(4) 对持证上岗的人员做好技术培训，上岗前要严格进行资格确认。

组织保证措施主要体现在项目管理组织机构中，落实质量责任制，各级管理人员都具有相应的职责，以责、权、利三者相结合的原则，实行动态管理。

材料、构配件是工程施工的主要骨件，材料的质量是工程质量的重中之重，材料不符合要求，会直接影响工程质量，工程质量管理过程中需要建立施工用材料、构配件的质量控制措施，主要体现在：

(1) 对用于工程的主要材料，进场必须具备正式的出厂合格证和材质检验单。进场后抽样复检，合格后方能使用，否则无条件退场。

（2）工程中所有各种构件必须具有厂家批号和出厂合格证，权威部门的检验合格证，构件在使用前必须分堆码好。

（3）凡标志不清或认为质量存在问题的材料，杜绝进场，采购进材料时，必须做到货比三家，证件齐全方能选用。

（4）现场配制的材料，如混凝土、砂浆、防水材料、防腐材料、绝缘材料、保温材料等的配合比，须经用方有关部门验算同意后，按单实施，并留足混凝土、砂浆试块。

（5）仔细核对认证其材料的品种、型号、性能无误。

技术保证措施主要体现在工程质量管理制度的建立，开展工程质量管理相关活动，技术交底，严格自检，互检，交接检的"三检制"，确保各种计量器具，试验设备和仪器仪表的有效性，成品保护以及最后做好工程质量档案的完整。

（四）工程质量控制程序

在工程质量策划过程中，需要建立工程质量控制程序，为工程质量管理提供依据，主要有分项工程质量控制流程、分部工程质量控制流程、单位工程验收质量控制流程。

【示例 2-8】

某工程分部工程质量控制流程图

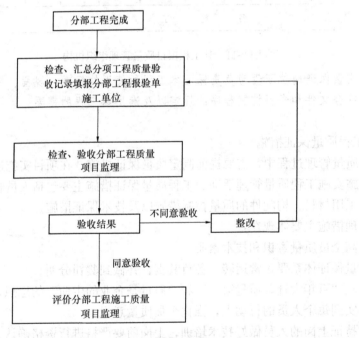

图 2-12　某工程项目分部工程控制流程图

（五）质量通病的预防

工程质量策划中需要体现质量管理的预防控制思想，即在前期就能对工程实施过程中有可能出现的质量问题进行分析，并提出预防措施。对于常见的质量通病首先要分析产生的原因，然后分别从人、材料、管理、环境四个方面制定措施，并需要规定常见的质量通病的防治措施。

【示例 2-9】

某工程项目出现质量通病的原因分析

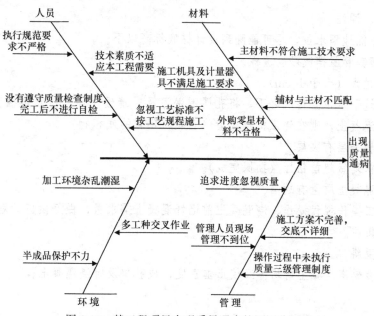

图 2-13 某工程项目出现质量通病的原因分析图

【示例 2-10】

某工程项目质量通病控制程序

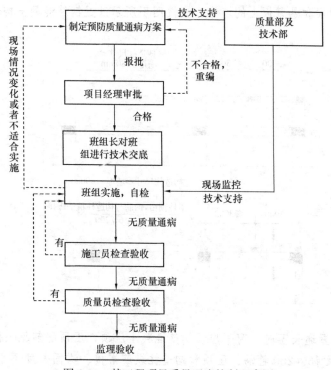

图 2-14 某工程项目质量通病控制程序图

【示例 2-11】

某工程项目人工挖孔桩中质量通病防治措施

（1）涌砂、涌泥

1）人工降低地下水位，尽可能降到设计桩底标高以下。

2）埋设钢套管阻挡流砂、流泥。

（2）沉渣过大（大于 10cm）

人工降低地下水位至桩底之下，将孔周围淤泥及时清理干净，防止碰撞而落入孔底，如长时间不浇混凝土，则在浇灌前彻底清除孔底风化岩的残积物。

（3）桩基底岩层有夹层

每孔终孔前均做超前钻探（勘探完成）。

（4）桩身混凝土质量有缺陷

严格按施工操作规程操作，浇混凝土前记好混凝土需求量，做好供应计划，确保连续浇灌的混凝土供应。

（5）桩孔歪斜

每节护壁装模浇混凝土前均掉线校正垂直度，成孔口及时浇混凝土。

【示例 2-12】

某工程项目外墙渗漏防治措施

（1）当外墙采用空心砖或加气混凝土等新型墙体材料时，应按 DBJ15-9-97 要求全面挂金属网（最终按设计要求）。

（2）承在悬臂梁和悬臂板上的墙体，应按图下所示设置钢筋混凝土构造柱（最终按设计要求）。

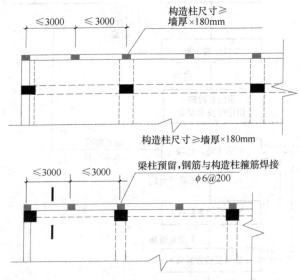

（3）当外墙设置通长窗时，窗下应设钢筋混凝土压顶，压顶配筋见下图；构造柱内配不小于 4φ12 纵筋及 φ6@200 箍筋；压顶和构造柱纵筋搭接、锚固长度不小于 500mm。拉

结筋设置应符合抗震要求（最终按设计要求）。

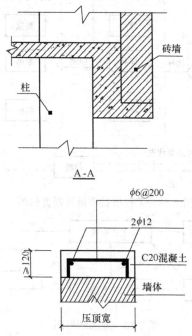

（4）混凝土结构在抹灰施工前应凿毛或甩浆，混凝土结构及砌体结构在抹灰施工前应充分淋水湿润。

（5）抹灰水泥砂浆宜掺防水剂、抗裂剂、减水剂等外加剂。

（6）抹灰层每层抹灰厚度不大于 10mm，抹灰厚度≥35mm 时应有挂网等防裂防空鼓措施。

二、质量策划的方法

在质量策划过程中，应采用科学的方法和技术，以确保策划结果的可靠性。常用的质量策划方法和技术有以下几种。

（一）流程图

流程图是将项目全部实施过程，按其内在逻辑关系通过箭线勾画出来，可针对流程中质量的关键环节和薄弱环节进行分析。常用在质量管理中的流程图有系统流程图和原因结果图两种类型。

（1）系统流程图。主要用于说明项目系统各要素之间存在的关系。利用系统流程图可以明确质量管理过程中各项活动、各环节之间的关系。图 2-15 反映了一个质量评判的系统过程。

（2）原因结果图。主要用于分析和说明各种因素和原因如何导致或产生各种潜在的问题和后果，如图 2-16 所示。

（二）质量成本分析

质量成本是指为保证和提高工程项目质量而支出的一切费用，以及因未达到既定质量水平而造成的一切损失之和。项目质量与其成本密切相关，既相互统一，又相互矛盾。所以在确定项目质量目标、质量管理流程和所需资源等质量策划过程中，必须进行质量成本分析，以使项目质量与成本达到高度统一和最佳配合。质量成本分析，就是要研究项目质

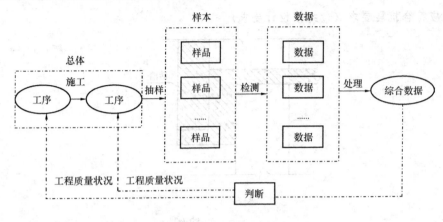

图 2-15　工程项目质量评判流程图

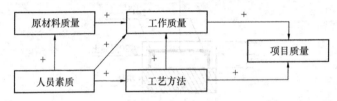

图 2-16　原因结果图

量成本的构成和项目质量与成本之间的关系，进行质量成本的预测与计划。

复 习 思 考 题

一、单项选择题

1. 建设工程项目决策策划的主要任务是（　　）。

A. 决策项目开发进度

B. 定义项目开发或建设的目标、任务及论证可行性

C. 决定项目的承发包模式

D. 定义如何组织开发或建设

2. 建设工程项目实施策划的主要任务是（　　）。

A. 定义项目开发或建设的任务　　　　　　　B. 定义项目开发或建设的意义

C. 定义项目开发或建设的目标　　　　　　　D. 定义如何组织开发或建设

3. 直接影响项目的决策质量和设计质量的是（　　）。

A. 项目可行性研究　　　　　　　　　　　　B. 项目决策

C. 工程设计　　　　　　　　　　　　　　　D. 工程施工

4. 工作任务分解是属于（　　）的项目管理。

A. 项目维　　　　　　　　　　　　　　　　B. 组织维

C. 目标维　　　　　　　　　　　　　　　　D. 工作维

二、多项选择题

1. 建设工程投资估算的作用包括（　　）。

A. 投资估算是项目主管部门审批项目建议书的依据之一

B. 投资估算是项目主管部门审批可行性研究报告的依据之一

C. 投资估算是项目筹资决策的非重要依据，对于确定融资方式、进行经济评价只起到一定的作用

D. 投资估算是投资决策的非重要依据，对于进行方案选优只起着一定的作用

E. 投资估算是编制初步设计概算的依据，同时还对初步设计概算起控制作用，是项目投资控制目标之一

2. 建设工程财务评价的盈利能力分析指标的内容有（　　）。

A. 项目投资财务内部收益率

B. 项目资本金净利润率

C. 项目资本金财务内部收益率

D. 累计盈余资金

E. 总投资收益率

3. 通过工程项目管理策划实现的增值可以反映在（　　）等方面。

A. 建设周期　　　　　　　　　　　B. 工程资金供应条件

C. 建设过程中的组织与协调　　　　D. 项目的使用功能

E. 社会效益

4. 环境调查分析的主要内容包括（　　）

A. 建设环境（能源、基础设施等）　B. 建筑环境（风格、主色调）

C. 市场环境　　　　　　　　　　　D. 自然环境

E. 政策环境

三、简答题

1. 前期策划阶段的质量管理包含哪些内容？

2. 前期策划阶段的质量管理在整个项目的质量管理中是否重要？

3. 经济策划包括哪些内容？分别有哪些质量控制点？

4. 简述项目对象的分解、工作任务分解结构、组织分解结构三者的区别和联系。

5. 质量策划包括哪些内容？

选择题参考答案

一、1. B；2. D；3. A；4. C

二、1. ABE；2. ACE；3. ACDE；4. ABCDE

第三章　工程勘察设计阶段的质量管理

【开篇案例】

世博村项目的设计管理[1]

世博村项目总共占地面积 32 万平方米，规划建筑面积 45 万平方米，具有住宿、餐饮、购物、娱乐、商务、物流、后勤等多种功能，在功能分区中，其中居住休闲区建筑面积 30 万平方米，后勤配套服务区建筑面积 10 万平方米，筹备中心建筑面积 5 万平方米。

该项目的设计管理的目标主要有投资目标、进度目标以及质量目标。其中，投资目标是以片区各地块设计概算为投资控制目标，要求设计单位进行限额设计。进度目标是以片区项目工程进度为节点，配合建设项目审批程序要求和片区项目工程建设总体进度要求，在既定的各时间节点内高质量地完成全部设计任务。质量目标是要进行动态控制，成果符合国家标准与规范的相应规定和要求。

为实现项目目标，首先制定设计管理的组织结构。该片区项目设计工作的开展，涉及多个国内外设计单位、咨询单位，因此为了保证项目的效率及各目标的实现，将项目各参与方高效地联合起来，采用设计项目化组织管理模式，由建设单位组建一个项目设计管理部，指导、协调设计实施团队，并将设计管理的具体工作落实到项目设计管理的方方面面。

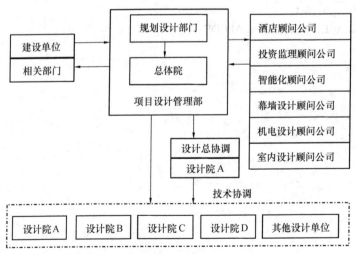

图 3-1　设计管理的组织结构

由于项目设计管理部主要负责设计单位、咨询单位及建设单位内部各部门之间具体设

---

❶ 本案例来源：张桦，朱盛波.《建设工程项目管理与案例解析》(M). 上海：同济大学出版社，2008.

计事务工作，考虑到设计事务管理需要有设计方面的专业知识，因此在项目设计管理中采用总体院管理模式，建设单位将总体院纳入到项目设计管理部，全面负责前期及设计阶段的设计管理的技术咨询，并完成日常设计管理活动，如确定设计任务书、安排设计进度、控制时间及技术支撑等。

在设计管理组织结构中，专业顾问公司在实施专项设计时，可以给予专业方面的支持，在专业工程招标、设备采购等方面，起着关键作用，例如幕墙、弱电等专业化工程招标中，由于设计单位施工图纸深度不够，一般需要采用深化设计及施工一体化招标，在该片区项目中，专业顾问公司深化设计院图纸，并采用施工图招标，有利于投资控制和合理安排工期。

在项目的设计过程中，制定了规划设计的原则，规划设计的原则重要在指导设计工作，达到业主及其他工程干系人的需求，主要包括：

（1）功能需求第一的原则：建筑结构、布局、外观造型，都服从功能的需要，为完成功能需求服务。

（2）科学先进的原则：采用先进、科学的标准，便于建成后运营管理，降低消耗，保证功能和效益先进。

（3）项目全寿命周期的原则：设计管理过程中重点考虑项目全寿命周期成本。

（4）可持续发展原则：充分考虑后续利用适用原则。

同时为实现质量管理目标，本项目采取了设计质量优化管理模式，主要体现在两个方面，一是全过程的动态管理，二是设计标准统一控制。

（1）全过程化的动态管理

●打破静止的简单化的"结果管理"淘汰制，采用积极主动、极具挑战性的动态管理；

●自始至终，由部分到整体、由总体到局部，由方案到扩初再到施工图，这些工作都要进行细化、优化和筛选；

●避免仅依据设计规范、条文等的被动制约，技术、信息、情报是很重要的；

●各个阶段中一直对建筑设计过程进行优化控制。

（2）设计标准统一控制

●建立一套完整的世博村项目设计指导文件；

●如建立各专业设计导则，对建筑、结构、设备工种规范统一性，保证同一专业选型、选材的规范化。

第一节　依据什么进行勘察设计质量管理

一、为什么要进行勘察设计质量管理

勘察设计是工程建设的重要环节，勘察设计的好坏直接影响建设工程的投资效益和质量安全，其技术水平和指导思想对城市建设的发展也会产生重大影响，对勘察设计的质量实施管理是提高工程项目投资效益、社会效益，环境效益的最重要因素。

建设工程勘察、设计的质量对于建设项目的质量和经济性起着重要的作用，工程勘察资料不准确而导致采用不适当的地基处理或基础设计，使得工程的成本增加或结构基础存在隐患；工程设计在技术上是否先进，经济上是否合理，是否符合有关法律、规范等，都对项目今后的适用性、安全性、可靠性、经济性和环境的影响起着决定性作用。据我国工程质量事故统计资料显示，由设计原因导致的工程质量事故占 40.1%。

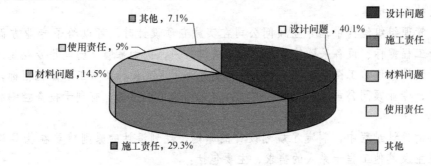

图 3-2　工程项目质量问题的原因分析

同时，项目各阶段对项目经济性的影响中，统计资料显示，在项目决策阶段影响工程造价的程度达 70%~90%，初步设计阶段对工程造价的影响程度为 20%，技术设计阶段对工程造价的影响程度为 40%，施工图设计阶段对工程造价的影响程度为 25%❶。

由此，勘察设计的进度不能按计划完成，设计不便于施工等问题都直接影响到整个工程的投资、进度和质量目标的实现。因此，对勘察、设计阶段的质量实施重点管控是实现工程建设项目目标的有力保障。

二、勘察设计质量管理的目标

工程项目勘察设计的质量就是在遵守技术标准和法律法规的基础上，对工程地质条件作出及时、准确的评价，符合经济、资源、技术、环境等约束条件，使工程项目满足业主所需要的功能和使用价值，充分发挥项目投资的经济效益。

对项目的质量目标进行分析，可以看出对勘察设计进行质量管理的目标主要体现下以下两个方面：

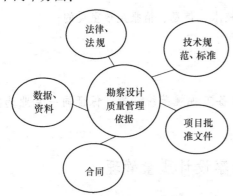

图 3-3　工程勘察设计质量管理的依据

（1）对勘察设计进行质量管理，使得勘察设计成果能够满足有关勘察、城市规划设计、环保、防灾、安全等一系列的技术标准、规范、规程等；

（2）对勘察设计进行质量管理，成果需要符合业主的意图。

三、勘察设计质量管理的依据

对工程勘察设计实施质量管理的依据主要见图 3-3。

其中，法律法规主要是指有关工程建设及质量管理的法律、法规、政策以及国家规定的建设工程勘察、设计深度要求，例如《建筑法》、《建设工程勘察设计管理条例》等。

---

❶　资料来源：丁梅，周晨光．关于设计阶段工程造价控制问题的探讨［J］．河南城建高等专科学校学报，2011.10（3）：13-14.

技术规范、标准主要有勘察和设计的工程建设强制性标准规范及规程、设计参数、定额、指标等，例如《地铁设计规范》、《建筑抗震设计规范》等。

项目批准文件主要有可行性研究报告、项目评估报告及选址报告等。

合同可以体现建设单位的意图，主要有勘察、设计规范大纲、纲要和相关合同文件。

相关数据、资料主要反映项目建设过程中和建设后所需要的有关技术、资源、经济、社会协作等不同的方面。

第二节 工程勘察的质量管理

【示例 3-1】

某公路建设项目的勘察设计[1]

某公路建设项目，双行四车道在某村镇近 18km 的路段，未对现场原有构筑物进行详细的勘查登记，直接采取利用多年以前的地貌图进行设计，将该地貌图所示的沟渠，理解为普通的小型灌溉水沟，结果其设计成果将该公路 27m 一半宽度路基，骑落在 3m×2.5m 的排灌水渠之上，施工单位、建设单位同时也未依据设计严格对照现场的实际情况，导致该排灌水渠异地重建，结果建设单位除支付该排灌水渠 45.36 万元的征（占）用费用外，又在该高速公路下行方向外侧 1.2km 处除再次支付 53.14 万元的土地及青苗补偿费用（不包括占补平衡需要另行支付的复耕费用），重复征（占）用水田耕地外，又以毛（片）石砌筑、延米单价 230 元包干的方式，直接委托该路段施工单位施工，再次支出 1,863 万元转出投资费用，异地重建作为给予当地村民水田耕作排灌需要的补偿。

工程建设项目勘查的质量直接影响着项目建设投资外，也间接影响着工程项目今后的运营成本。而交通建设项目由于受水文地质条件，工程建设环境等方面影响很大的特殊性，使得前期勘察工作的质量和深度显得尤为重要。

工程勘察的主要任务是按勘察阶段的要求，正确反映工程地质条件，提出岩土工程评价，为设计、施工提供依据。

根据工程勘察的任务，项目参与各方要按照质量管理的基本原理对工程勘察工作的人、机、料、法、环五大质量影响因素进行检查和过程控制，保证工程勘察符合整个工程建设的质量要求。此阶段质量管理的工作内容主要包括对工程勘察单位、勘察方案、勘察现场作业、勘察文件以及技术档案等的控制。

一、工程勘察单位的选择

选择工程勘察单位应注意两个方面：

（1）应委托具有相应资质等级的工程勘察单位承担勘察业务工作。

《建设工程质量管理条例》规定：从事工程勘察、设计的单位应当依法取得相应等级的资质证书，并在其资质等级许可的范围内承揽工程，禁止勘察、设计单位超越其资质等级许

---

[1] 本案例来源：http://www.zhongtianheng.com.cn/gf/alfx/KanChaSheJiGongZuoZhiLiangYuTouZiZaoJiaKongZhiDe_RongRuYuGong/

可的范围或者以其他勘察、设计单位的名义承揽工程。工程勘察资质范围包括建设工程项目的岩土工程、水文地质勘察和工程测量等专业。工程勘察资质分综合类、专业类、劳务类三类。

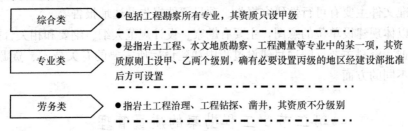

图 3-4　工程勘察资质等级的设立

（2）检查勘察单位的技术管理制度和质量管理程序，考察勘察单位的专职技术骨干素质、业绩及服务意识。

对勘察单位的选择，不仅要考虑单位的资质，同时需要在多个维度进行考察。对其质量管理制度及体系进行考察可以明确勘察单位是否能够规范地在从事勘察工作；对勘查人员进行考察，可以明确勘察单位对质量服务的意识，有利于保证勘察成果的准确。

二、工程勘察方案的质量管理

工程勘察方案要体现规划、设计意图，反映工程现场地质概况和地形特点，满足任务书和合同工期的要求。可以从图 3-5 所示四个方面去考虑。

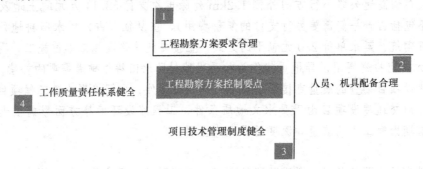

图 3-5　工程勘察方案质量控制要点

【示例 3-2】

某项目勘察方案中质量管理体系[1]

（一）项目概况

本工程为 33 层高层住宅楼，长 40.0m，宽 18.7m，剪力墙结构，基础埋深 5.0m。

（二）勘察目的与要求

根据建设单位提供的《岩土工程勘察委托书》及国家现行有关规范，本次勘察的主要目的与要求如下：

（1）查明建筑场地范围内及其附近不良地质作用的成因、类型、分布范围、发展趋势及危害程度，并提出整治方案的建议。

---

❶　本案例来源：http：//www. doc88. com/p-60123481276. html

(2) 查明建筑范围内岩土层的类型、结构、厚度、分布、工程特征，分析和评价地基的稳定性、均匀性和承载力。

(3) 提供地基变形计算参数。

(4) 查明埋藏的河道、沟浜、墓穴、防空洞、孤石等对工程不利的埋藏物。

(5) 提供抗震设计有关参数，划分建筑场地类别，并对饱和砂土及饱和粉土进行液化判别，并计算液化指数。

(6) 查明地下水埋藏条件，提供地下水位及其变化幅度，判定地下水对建筑材料的腐蚀性，对施工降水的可行性及基坑开挖边坡稳定性进行分析。

(7) 查明场地内有无湿陷性土层分布，并对地基湿陷性作出评价。

(8) 对可供采用的地基基础方案提出论证分析，建议经济合理的桩基类型，选择合理的桩尖持力层，分层提供桩周摩阻力及持力层的桩端承载力。综合评价地基土工程特性并建议地基处理方案。

（三）勘察设备配置

根据勘察工作量与工期要求，外业勘察每项工程计划投入以下设备：XY-150 型工程钻机 2 台，SH-30 型工程钻机 1 台，ZJYY-20A 型静力触探车 1 台，RSM-24FD 型多功能检测仪 1 台，详见表 3-1。

拟投入的主要施工机械设备表　　　　　　　　　　　表 3-1

序号	机械或设备名称	型号规格	数量	产地	制造年份	备 注
①	工程钻机	XY-150	2	北京	2008	
②	工程钻机	SH-30	1	无锡	2008	
③	静力触探车	ZJYY-20A	1	宁波	2000	
④	多功能检测仪	RSM-24FD	1	武汉	2000	

（四）质量保证措施

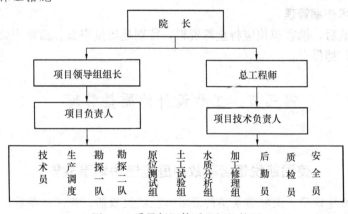

图 3-6　质量保证体系组织机构图

(1) 施工前，将根据设计要求编制详细的勘察纲要，同时由工程技术负责人向所有施工人员进行技术交底。

(2) 本工程将作为我院的创优项目来进行施工和管理，在整个勘察过程中，要强化职工的质量意识，坚持"质量第一，用户至上"的服务宗旨，严格控制外业施工到内业试验和资料整理的各道工序。

（3）为确保外业钻探质量，技术人员、质量检查人员将跟班作业，随时对勘察纲要的实施进行监督和检查。外业工作结束后及时填写施工验收单。

（4）外业施工中，要严格遵守交接班及单孔验收制度。原始记录必须由描述员、班组长、质量检查人员及工程技术负责人验收签名后，才可移交下道工序。

（5）在外业施工和内业资料整理期间，总工程师、主任工程师将随时进行检查指导，并解决工程中遇到的疑难问题。

三、勘察现场作业的质量管理

勘察现场作业的质量管理中的要点包括：

（1）现场人员要持证上岗；

（2）严格执行"勘察工作方案"及有关"操作规程"；

（3）原始记录表格应按要求认真填写，并经有关人员检查签字；

（4）勘察仪器、设备、机具应通过计量认证，严格执行管理程序；

（5）项目负责人应对作业现场进行指导、监督和检查。

四、勘察文件的质量管理

勘察文件的质量管理中的要点包括：

（1）工程勘察资料、图表、报告等文件要依据工程类别按有关规定执行各级审核、审批程序，并由负责人签字；

（2）工程勘察成果应齐全、可靠，满足国家有关法规及技术标准和合同规定的要求；

（3）工程勘察成果必须严格按照质量管理有关程序进行检查和验收。

五、后期服务质量保证

勘察文件交付后，根据工程建设的进展情况，勘察单位做好施工阶段的勘察配合及验收工作，对施工过程中出现的地质问题要进行跟踪服务，做好监测、回访。

六、勘察技术档案管理

工程项目完成后，勘察单位应将全部资料，特别是质量审查、监督主要依据的原始资料，分类编目，归档保存。

第三节　工程设计的质量管理

【示例 3-3】

美国凯悦饭店事故中庭走道坍塌事故[1]

美国堪萨斯城建设了一座非常豪华的酒店——凯悦饭店。完工一年后，酒店举办了一场舞会，有1500人拥进酒店中庭舞场跳舞，另有几十人在中庭上方悬空走道起舞，不幸发生了，中庭走道突然坍塌坠落，导致大量人员伤亡，最终统计有超过100多人因此丧生，此事故为美国最严重的建筑结构事故。

（一）事故模型重建

---

[1]　本案例来源：http：//bbs. anquan. com. cn/viewthread. php？ tid=181611

1. 总结构工程师设计完成图纸，寻找施工商承接施工，其中中庭走道设计为上下两层，均用独立的钢索吊重。

2. 为了使日后装修石膏板便利，走道托底用两个 [型钢对口形成 [] 状，中间接缝采用焊接。

3. 托底用钢索吊住，托着走道，紧固点为钢锁穿过 [] 并锁上螺栓，形成 [i] 状。

4. 施工商发觉上下两层均独立用钢索吊住，施工不便，于是向总结构工程师更改设计，修正为下层过道的钢索在上层过道上固定。

5. 总结构工程师同意该方案，并未计算上层过道的承重强度，按当地惯例，计算承重强度的工作应由施工商自行解决。

6. 施工商认为计算强度工作已由设计方完成，直接施工。

7. 施工过程中，有其他地方发生突然崩塌事件时候进行过全大楼的检查，但仍未检查中庭过道的承重强度。

8. 1500人涌入饭店舞会，几十人躲避人群，在悬空走道上跳舞。

9. 下层走道承重钢索螺栓受力过度，拉穿焊接好的 [] 型钢，脱离托底 [] 型钢。

10. 坠落坍塌发生，造成伤亡事故。

（二）事故总结

对上述事故进行总结，可得出以下教训：

在技术方面：(1) 走道托底采用 [] 型钢并焊接方式作为承重托底并用螺栓连接的方式严重不安全；(2) 下层走道承吊钢索固定在上层走道上，造成上层走道承受两个走道的全部重量，已经形成隐患，实际上，事故现场发现在事故前，钢索托底已出现变形；(3) 设计方未计算承重强度。

在管理方面：(1) 随意改变设计图纸，并在提交政府的设计图中修正改动部分；(2) 涉及公共场所的大型建筑图纸设计完成，直接交付施工商施工；(3) 施工商在发生类似事故时，并未全面检查确认其他结构的强度；(4) 施工商与设计工程师未沟通承重结构计算的分工。

工程设计是将前期策划阶段的概念转换为图纸产品的阶段，在项目全寿命周期中处于重要地位。工程设计质量直接关系到工程项目的设备材料采购，同时对投产后的连续稳定运行、安全生产都有十分重要的影响。对设计阶段的质量管理是项目设计管理中的主要内容，其质量管理的目标如图 3-7 所示。

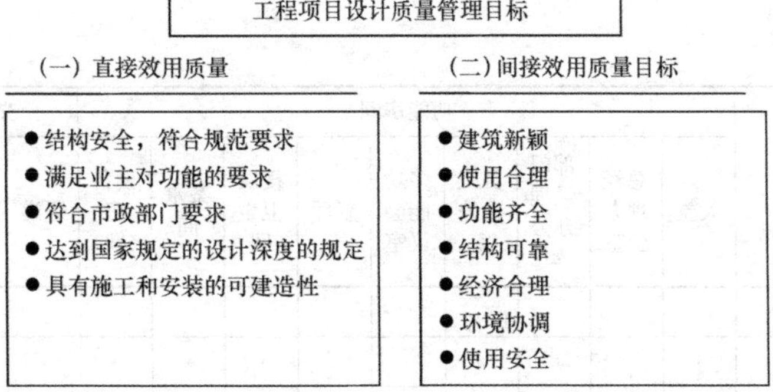

图 3-7 工程项目设计质量管理目标

工程项目设计阶段质量管理的要点主要体现在：功能需求管理、设计招标管理、设计文件审查等方面。

一、功能需求管理

实现业主的功能需求是设计质量管理的重要目标，也是一般意义上质量管理要符合客户需求的重要表现。通常，如果业主的需求在项目初期定义不清晰，导致边设计边修改、边施工边修改的结果，因此在设计质量管理中，需要进行功能需求的管理，功能需求需要进一步经过调研、分析、审核进行明细，为后期设计提供依据，提升设计的质量水平。一般功能需求的管理按照图 3-8 的流程进行编审。

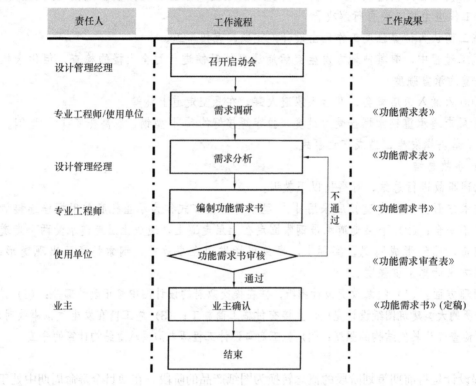

图 3-8 功能需求编审流程

【示例 3-4】

某工程项目功能需求总控表

表 3-2

序号	专业	功能房间									交通空间			专业系统
		大堂	总经理办公室	部门经理办公室	员工办公室	多功能会议室	餐厅	楼层卫生间	茶水间	设备房(间)	通道	电梯	楼梯	
1	建筑安装设计													
1.1	方案设计	*	*	*	*	*	*	*	*	*	*	*	*	*
1.2	初步设计													

续表

序号	专业	功能房间									交通空间			专业系统
		大堂	总经理办公室	部门经理办公室	员工办公室	多功能会议室	餐厅	楼层卫生间	茶水间	设备房(间)	通道	电梯	楼梯	
1.2.1	建筑设计	*	*	*	*	*	*	*	*	*	*	*	*	*
1.2.2	结构设计													*
1.2.3	电气设计	*	*	*	*	*	*	*	*	*	*	*	*	*
1.2.4	高低压变配电设计									*				*
1.2.5	室内给排水工程							*	*	*				*
1.2.6	室内建筑消防	*	*	*	*	*	*	*	*	*	*	*	*	*
1.2.7	通风空调工程									*				*
1.3	施工图设计	*	*	*	*	*	*	*	*	*	*	*	*	*
2	幕墙设计	*	*	*	*	*	*	*	*	*	*	*	*	
3	室内二次装修设计	*	*	*	*	*	*	*	*	*	*	*	*	
4	建筑智能设计	*	*	*	*	*	*	*	*	*		*	*	
	······											*	*	

注：* 代表功能需要在此设计阶段进行设计。

二、工程设计单位的选择

建设工程设计业务必须委托给资质等级符合要求（根据不同的项目制定具体标准）的设计单位，禁止将设计业务委托给超越其资质等级许可范围的设计单位。工程设计资质分为工程设计综合资质、工程设计行业资质、工程设计专业资质和工程设计专项资质四个序列，其资质等级的设立见表 3-3。

工程设计资质等级的设立　　　　　　　　　　　　　表 3-3

	资质等级的设立
工程设计综合资质	只设甲级
工程设计行业资质	工程设计行业资质和工程设计专业资质设甲、乙两个级别；根据行业需要，建筑、市政公用、水利、电力（限送变电）、农林和公路行业可设立工程设计丙级资质，建筑工程设计专业资质设丁级。建筑行业根据需要设立建筑工程设计事务所资质
工程设计专业资质	
工程设计专项资质	根据行业需要设置等级

三、设计过程的跟踪控制

负责设计管理的部门需要根据项目设计特点，确定对项目设计过程的要求。并在设计开始前，要求设计单位提供项目的设计计划与设计输入文件，并对其进行审查。

【示例 3-5】

某工程初步项目设计输入规定

在初步设计阶段包括的设计输入如下：

一、外部资料

1. 合同的正式文本或者复印件,包括投标书和招标书、会议纪要、中标通知书等;

2. 顾客提供的各种资料,包括项目的设备资料、原材料资料、基础资料、气象资料、水文资料、地质资料等等;

3. 顾客对项目设计质量隐含的要求;

二、相关标准和规定

1. 与本项目有关的国家有关法律法规;

2. 本项目使用的专业标准规范;

3. 本项目适用的专业设计统一规定;

三、内部资料

1. 已批准的《设计计划书》包括项目的设计策划,质量计划、进度计划、费用计划;

2. 项目适用的验证。

工程项目在初步、施工图设计过程中,设计管理人员应依据《委托设计合同书》要求和《设计控制计划》规定,前往设计单位进行实地跟踪检查。实地跟踪检查内容包括人员资格、专业配合等,检查的依据应该为相关合同书、设计计划等。检查中发现不符合要求的问题,应要求设计单位整改。

四、设计审查

【示例 3-6】

某工程项目图纸设计管理工作流程

从图 3-9 中可以看出,对于设计管理中的任务,设计审查是一个重要的工作内容。设计审查是确保业主功能需求实现,提高设计文件质量的有效措施,是设计质量管理的重要环节。经过有效设计审查,最大限度地减少施工过程中的设计变更,从而保障工程项目的目标实现。

从总体来看,设计审查的内容主要包括:功能符合性审查、结构安全性审查、强制性规范符合性审查、经济合理性审查等,但工程设计可以划分为初步设计、技术设计和施工图设计三个阶段,不同阶段由于其设计深度要求不一,因此不同阶段设计审查的内容有所不同。

不同设计阶段的内容成果及深度要求 表 3-4

设计阶段	内容	深度要求
方案设计	文字说明	方案设计的深度要求满足初步设计的展开,主要大型设备、材料的预安排及土地征用的需要
	设计图纸	
	工程投资估算	
初步设计	设计说明书	(1) 应符合已审定的设计方案; (2) 能据以确定土地征用范围; (3) 能据以准备主要设备及材料; (4) 应提供工程设计概算,作为审批确定项目投资的依据; (5) 能据以进行施工图设计; (6) 能据以进行施工准备
	设计图纸	
	主要设备及材料表	
	工程概算书	

设计阶段	内容	深度要求
技术设计		（1）应满足设计方案中重大技术问题和有关试验设备制造等方面的要求； （2）满足编制施工招标文件、主要设备材料订货和指导施工图设计的要求； （3）能达到政府有关部门审批要求的深度
施工图设计	全项目性文件	施工图设计的深度能据以安排材料、设备订货和非标准设备的制作，能据以进行施工和安装，据以进行工程验收，能据以编制施工图预算
	各建筑物、构筑物的设计文件	
	各专业工程计算书	
	计算机辅助设计软件及资料	

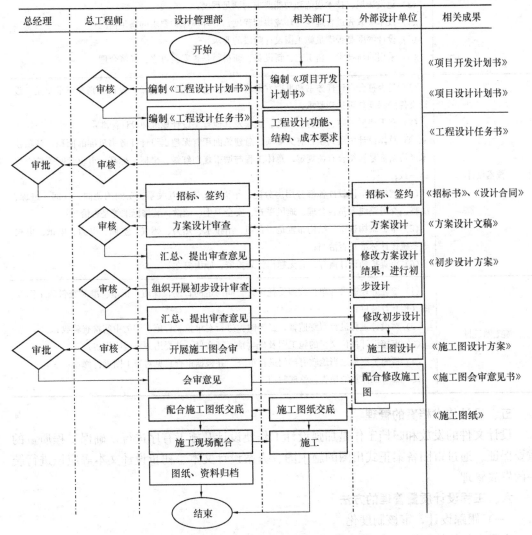

图 3-9　某项目图纸设计管理工作流程

不同设计阶段的质量控制内容 表 3-5

设计阶段	质量控制要点
方案设计	(1) 审核应侧重于生产工艺的安排是否先进、合理，生产技术是否先进，能否达到预计的生产规模； (2) "三废"治理和环境保护方案是否满足当地政府的有关要求； (3) 各种能源的需求是否合理； (4) 工程估算是否在预计投资限额内； (5) 工程建设周期是否满足投资回报要求等； (6) 着重审核多方案的比较，相类似项目比较情况
初步设计	初步设计阶段设计图纸的审核侧重于工程项目所采用的技术方案是否符合总体方案的要求，以及是否达到项目决策阶段所确定的质量标准。具体审核： (1) 有关部门的审批意见和设计要求； (2) 工艺流程、设备选型先进性、适用性、经济合理性； (3) 建设法规、技术规范和功能要求的满足程度； (4) 技术参数先进合理性与环境协调程度，对环境保护要求的满足情况； (5) 设计深度是否满足施工图设计阶段的要求； (6) 采用的新技术、新工艺、新设备、新材料是否安全可靠、经济合理
技术设计	(1) 是否符合设计任务书和批准方案所确定的使用性质、规模、设计原则和审批意见，设计文件的深度是否达到要求； (2) 有无违反人防、消防、节能、抗震及其他有关设计规范和设计标准； (3) 总体设计中所列项目有无漏项，总建筑面积有无超出设计任务书批准的面积，各项技术经济指标是否符合有关规定，总体工程与城市规划红线、坐标、标高、市政管网等是否协调一致； (4) 建筑物单体设计各部分用房分配、平面布置和相互关系、房间的朝向、开间、进深、层高、交通路线等是否合理。通风采光、安全卫生、疏散、装修标准等是否恰当； (5) 审查结构选型、结构布置是否合理，给排水、热力、燃气、空调、电力、电讯、电视等系统设计标准是否恰当； (6) 审查扩初设计概算，有无超出计划投资，原因何在
施工图设计	(1) 督促并控制设计单位按照委托设计合同约定的日期，保质、保量、准时交付施工图及概（预）算文件； (2) 对设计过程进行跟踪监督，必要时，进行对单位工程施工图的中间检查验收； (3) 审核设计单位交付的施工图及概（预）算文件，并提出评审验收报告； (4) 将施工图报送当地政府部门进行审查，并根据审查意见对施工图进行修正； (5) 编写工作总结报告，整理归档

五、设计技术档案的管理

设计文件的发放和归档工作是加强设计工作使设计及施工有序进行，确保工程质量的重要保证。通过审图备案正式出图的施工图、方案设计文本、初步设计文本等应该进行统一的发放管理。

六、工程设计质量管理的方法

（一）跟踪设计，审核制度化

为了有效地控制设计质量，就必须对设计进行质量跟踪。设计质量跟踪不是监督设计人员画图，也不是监督设计人员结构计算和结构配筋，而是要定期地对设计文件进行审核，必要时，对计算书进行核查，发现不符合质量标准和要求的，指令设计单位修改，直到符合标准为止，即所谓的 PDCA 循环理论方法。这里所述的标准是指设计质量目标所采用的技术标准、规范及材料品种规格等。跟踪设计以设计招标文件（含设计任务书、地质勘查报告等）、设计合同、监理合同、政府有关批文、各项技术规范和规定、气象、地区等自然条件及相关资料、文件为依据，对设计文件进行深入细致的审核。在各阶段设置审查点，审核设计文件质量，如规范符合性、结构安全性、施工可行性等，概预算总额，设计进度完成情况，与相应标准和计划值进行分析比较。

（二）采用多种方案比较法

对设计人员所定的诸如建筑标准、结构方案、水、电、工艺等各种设计方案进行了解和分析，有条件时进行两种或多种方案比较，判断确定最优方案。

（三）协调各相关单位关系

工程设计过程牵涉很多部门，包括很多设计单位、政府部门等很多专业交叉，故必须掌握组织协调方法，以减少设计的差错。

第四节　勘察设计的政府监督与审查

在工程设计的各阶段中，建筑行政主管部门或其委托机构应依法进行监督和设计审查，监督与审查的主要内容有：规划设计的要求、设计方案审查、初步设计审查以及施工图审查等。

一、规划设计的要求

在工程项目可行性研究报告批准后，规划行政主管部门按照城市总体规划的要求、项目建设地点的周边环境，对项目的设计提出规划要求，作为初步设计的法定依据。目前基本上可分为建筑工程和市政工程两大类，分别要求按相应的程序申请取得规划要求。规划设计要求的基本内容为：

（1）建筑容量控制指标；

（2）建筑间距；

（3）建筑物退让；

（4）建筑物的高度和景观控制；

（5）建筑基地的绿地和停车。

二、设计方案审查

建设单位或个人必须按城市规划、城市规划管理技术规定和规划行政管理部门的规划设计要求，委托设计单位进行建设工程设计，并向规划行政管理部门申报建设工程规划设计方案，重要地区、主要景观道路沿线建筑，以及其他地区的大型公共建筑的建筑风貌和建筑工程规划设计方案应组织专家论证。建筑工程设计方案审查的内容主要包括：

（1）资质；

（2）图件与说明；

（3）总平面红线要求、出入口、停车绿地、消防；

（4）容量控制：容积率、建筑规模、密度；

（5）建筑入口、地下停车场入口；

（6）建筑与城市市政工程接口；

（7）建筑艺术性以及与环境协调。

【示例 3-7】

某展览中心设计方案存在问题

某展览中心设计方案如图 3-10 所示，其中存在的问题主要有：

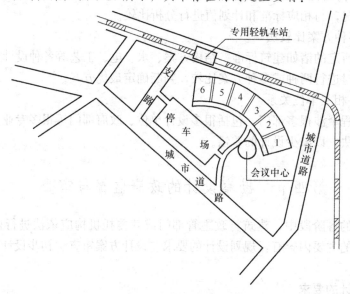

图 3-10 某展览中心简图

（1）各展馆面积均等，不便于安排各种规模的展会；

（2）会议中心规模过小；

（3）会议中心位置偏于一隅，不便于各展馆使用；

（4）缺乏市政配套设施；

（5）轻轨车站距展馆入口较远，展馆建筑布局不当。

三、初步设计审查

初步设计审查的主要内容包括行政审查与技术审查两部分内容。

（一）行政审查

其中行政审查的内容应该主要包括：

（1）关于初步设计文件，文件批复、功能、工艺、投资等内容是否齐全；是否符合已审查通过的规划方案设计、消防方案设计、人防要求、环评报告等；文件签署、文件格式是否符合规定。

（2）关于资质资格，企业资质、职业人员资格是否满足相应的标准。

（3）其他，是否存在不符合市场规范的行为；勘察设计合同是否合法；勘察设计收费是否符合规定；设计是否符合环保、节能、节水、新材料、新设备、工艺等相关产业政策。

（二）技术审查

一般来说，建设单位报请初步设计技术性审查的资料应包括以下主要内容：

（1）作为设计依据的政府有关部门的批准文件及附件；

（2）规划部门审定批准的方案设计文件；

（3）审查合格的岩土工程初勘或详勘文件；

（4）初步设计文件；

（5）初步设计对上阶段政府有关部门审批意见落实情况的说明，对方案有修改时的修改情况说明；

（6）审查需要提供的其他资料。

建设单位报请初步设计技术性审查的资料以后，初步设计技术性审查应包括以下主要内容：

（1）初步设计是否达到初步设计文件编制技术规定的设计深度要求；

（2）设计依据（设计选用的规范、规程、标准、规定等）是否恰当和有效；

（3）是否符合《工程建设标准强制性条文》和其他有关工程建设强制性标准要求；

（4）初步设计的技术性是否可靠，是否经济、合理；

（5）是否符合环保、节能、安全等原则及公众利益；

（6）是否符合作为设计依据的政府有关部门的批准文件要求。

四、施工图审查

施工图审查，是指建设主管部门认定的施工图审查机构（以下简称审查机构）按照有关法律、法规，对施工图涉及公共利益、公众安全和工程建设强制性标准的内容进行的审查。施工图未经审查合格的，不得使用。

建设单位报请施工图技术性审查的资料应包括以下主要内容：

（1）作为设计依据的政府有关部门的批准文件及附件；

（2）审查合格的岩土工程勘察文件（详勘）；

（3）全套施工图（含计算书并注明计算软件的名称及版本）；

（4）审查需要提供的其他资料。

施工图技术性审查应包括以下主要内容：

（1）是否符合《工程建设标准强制性条文》和其他有关工程建设强制性标准；

（2）地基基础和结构设计等是否安全；

（3）是否符合公众利益；

（4）施工图是否达到规定的设计深度要求；

（5）勘察设计企业和注册执业人员以及相关人员是否按规定在施工图上加盖相应的图章和签字；

（6）是否符合作为设计依据的政府有关部门的批准文件要求。

复 习 思 考 题

一、单项选择题

1. 不属建设单位选择工程勘察单位的方式是（　　　）。

A. 公开竞选　　　　　　　　　B. 邀请竞选

C. 直接委托　　　　　　　　　D. 直接指派

2. （　　）设计图纸的审核侧重于工程项目所采用的技术方案是否符合总体方案的要求，以及是否达到项目决策阶段确定的质量标准。

A. 技术设计阶段　　　　　　　B. 总体设计阶段

C. 初步设计阶段　　　　　　　D. 施工图设计阶段

3. 工程设计行业类资质设（　　）级别。

A. 甲、乙、丙　　　　　　　　B. 一、二、三

C. 一、二、三、四　　　　　　D. 不设级别

4. 工程勘察综合类资质设（　　）级别。

A. 甲级　　　　　　　　　　　B. 一、二级

C. 一、二、三级　　　　　　　D. 甲、乙、丙、丁

二、多项选择题

1. （　　）是工程勘察资质和工程设计资质分级标准的硬性要求。

A. 技术力量　　　　　　　　　B. 技术装备及应用水平

C. 领导水平　　　　　　　　　D. 单位资历和信誉

E. 业务成果

2. 属于勘察阶段质量控制要点的是（　　）。

A. 为建设单位指定勘察单位　　B. 设计勘察工作方案

C. 勘察现场作业的质量控制　　D. 勘察文件的质量控制

E. 后期服务质量保证

3. 初步设计质量控制审核要点有（　　）。

A. 技术方案是否符合总体方案

B. 是否达到决策阶段确定的质量标准

C. 各专业设计是否达到预定的质量标准和要求

D. 施工图预算是否超限

E. 技术方案是否符合经济性要求

4. 建设工程项目设计质量控制的方法包括（　　）

A. 根据项目建设要求和有关批文、资料，组织设计招标及设计方案竞赛

B. 对勘察、设计单位的资质业绩进行审查

C. 尽量选取外国设计单位

D. 控制各阶段的设计深度，并按规定组织设计评审

E. 组织施工图图纸会审

三、简答题

1. 工程勘察方案质量控制的要点有哪些？

2. 初步设计一般要达到什么深度？

3. 施工图设计一般要达到什么深度？

4. 施工图设计质量控制要点有哪些？

5. 什么是施工图设计文件审查？施工图审查的重点是什么？

选择题参考答案

一、1. D；2. C；3. A；4. A

二、1. ABD；2. ABCDE；3. AB；4. ABDE

第四章 工程施工阶段的质量管理

【开篇案例】

某工程挡墙坍塌导致铁路行车事故

一、事故概况

2008年8月16日4时28分，2000年已投入使用的铁路工程，K1908+350米处线路右侧挡墙发生坍塌，约200方的坍体掩埋线路，中断铁路行车7小时20分钟。构成铁路交通一般D类事故，造成不良影响和重大经济损失。

二、事故原因分析

1. 该事故主要原因是由于工程所在地区自2008年8月15日22时21分至8月16日5时59分普降暴雨（雨量132mm，10分钟最大雨强值为14.8mm），挡墙后方山体水土饱和，泥水渗漏至挡墙后，加之挡土墙泄水孔未能及时疏排积水，挡土墙受压增大，致使挡土墙体突发性崩塌。

2. 施工单位没有按设计规定厚度进行衬砌，边墙厚度小于设计文件，砂浆不饱满，部分石块间无砂浆。墙后无反滤层，导致边墙整体强度减弱、抗土压力降低，是此挡土墙垮塌重要原因。

3. 监理单位未能发现施工中明显存在的质量隐患，没有采取有效措施督促整改施工中的质量问题，没有严格遵守有关监理规章制度去认真履行监理职责，导致工程质量未能达到设计要求，给事故埋下隐患，应负一定责任。

三、事故教训和防范措施

1. 加强工程质量意识，扭转"重隧道、轻路桥"、"重主体、轻附属"的思想。从各单位铁路工程交工后的返修情况看，主要集中在挡墙坍塌、隧道底板开裂、翻浆冒泥等问题。在建铁路工程项目一定要吸取教训，对挡墙质量、隧道底板施工引起高度重视，杜绝交工后的质量隐患。

2. 对在建的挡墙工程，要强化过程控制，从反滤层施工、片石质量、砂浆配比质量、砌筑作业、泄水孔等环节，严格工序检查和分部工程检查，以确保工序质量合格来实现单位工程质量合格。

3. 要建立完善质量责任制，明确各岗位具体质量责任，加强施工日志、工序检查记录资料管理，严格隐蔽工程检查制度，实现工程质量的可追溯性。对施工中的质量问题，必须能通过明确的岗位职责追究责任，避免出现说不清责任人而将相关人员全部处理的情况。

4. 对已施工完成的挡墙工程，要进行一次全面检查、检测，发现不符合设计要求、不符合验标的工程，一定要引起高度重视，要果断拆除，进行彻底的返工整改，确保工程质量符合设计要求、符合验标，防止交付运营后出现问题而造成重大经济损失和不良影响。

第一节　工程施工阶段质量管理概述

　　工程施工是使业主及工程设计意图最终实现并形成工程实体的阶段，也是最终形成工程产品质量和工程项目使用价值的重要阶段。因此，施工阶段的质量控制成为工程项目质量控制的重点。

一、工程施工阶段质量管理目标与任务

　　质量管理的好坏涉及参建的各个单位，从政府的角度考虑，施工阶段的质量管理目标与任务主要包括❶：

　　■　国务院建设行政主管部门对全国的建设工程质量实施统一监督管理；

　　■　县级以上地方人民政府建设行政主管部门对本行政区域内的建设工程质量实施监督管理；

　　■　国务院建设行政主管部门和国务院铁路、交通、水利等有关部门应当加强对有关建设工程质量的法律、法规和强制性标准执行情况的监督管理；

　　■　国务院发展改革部门按照国务院规定的职责，组织稽查特派员，对国家出资的重大建设项目实施监督检查；

　　■　县级以上地方人民政府建设行政主管部门和其他有关部门应当加强对有关建设工程质量的法律、法规和强制性标准执行情况的监督检查；

　　■　建设工程发生质量事故，有关单位应当在 24 小时内向当地建设行政主管部门和其他有关部门报告；

　　■　当发生工程质量责任纠纷时，国家级检测机构出具的检测报告，在国内是最终裁定，在国外具有代表国家的性质；

　　■　……

　　从业主的角度考虑，施工阶段的质量管理目标与任务主要包括：

　　■　检查勘察文件及施工过程中勘察单位参加签署的更改文件材料，确认勘察符合国家规范、标准要求；

　　■　组织并完成施工现场的"三通一平"工作，包括提供工程地质和地下管线资料，提供水准点和坐标控制点等；

　　■　办理施工申报手续，组织开工前的监督检查；

　　■　组织图纸会审和技术交底，审核批准施工组织设计文件，对施工中难点、重点项目的施工方案组织专题研究；

　　■　审核承包单位技术管理体系和质量保证体系，审查分包单位资质条件；

　　■　审核进场原材料、构配件和设备等的出场证明、技术合格证、质量保证书，以及按规定要求送验的检验报告，并签字确认；

　　■　检查和监督工序施工质量、各项隐蔽工程质量，以及分项工程、分部工程、单位工程质量，检查施工记录和测试报告等资料的收集整理情况，签署验评记录，保证施工单位的工程质量达到设计要求；

---

　　❶　资料来源：丁士昭. 工程项目管理 [M]. 北京：中国建筑工业出版社，2006.

　　■　建立独立平行的检测体系，对工程质量的全过程进行独立平行检测；

　　■　处理设计变更和技术核定工作；

　　■　参与工程质量事故检查分析，审核批准工程质量事故处理方案，检查事故处理结果；

　　■　……

　　从勘察方的角度考虑，施工阶段的质量目标与任务主要包括：

　　■　按工程建设强制性标准实施地质勘察，保证勘察质量；

　　■　向业主提供评价准确、数据可靠的勘察报告；

　　■　对地基处理、桩基的设计方案提出建议；

　　■　检查勘察文件及施工过程中勘察单位参加签署的更改文件材料，确认勘察符合国家规范、标准要求，施工单位的工程质量达到设计要求；

　　■　……

　　从设计方的角度考虑，施工阶段的质量目标与任务主要包括：

　　■　严格执行强制性标准和有关设计规范，按时保质提供施工图及设计资料；

　　■　经施工图审查合格后，参与设计交底、图纸会审，并签署会审记录；

　　■　配合业主招标工作，编制招标技术规格及施工技术要求；

　　■　审核认可设备供应商及专业分包商的深化设计；

　　■　派遣具有相应资质、水平和能力的人员担任现场设计代表，及时解决施工中有关设计问题，并出具设计变更或补充说明；

　　■　参与隐蔽工程验收和单位工程竣工验收；

　　■　参与工程质量事故分析，并对因设计造成的质量事故提出相应的技术处理方案；

　　■　检查设计文件及施工过程中设计单位参加签署的更改设计的文件材料，确认设计符合国家规范、标准要求，施工单位的工程质量达到设计要求；

　　■　……

　　从监理方的角度考虑，施工阶段的质量目标与任务主要包括：

　　■　禁止超越本单位资质等级许可的范围承担工程监理业务。禁止允许其他单位或者个人以本单位的名义承担工程监理业务。不得转让工程监理业务；

　　■　依照法律、法规以及有关技术标准、设计文件和建设工程承包合同，代表建设单位对施工质量实施监理，并对施工质量承担监理责任；

　　■　选派具备相应资格的总监理工程师和监理工程师进驻施工现场。未经监理工程师签字，建筑材料、建筑构配件和设备不得在工程上使用或者安装，施工单位不得进行下一道工序的施工。未经总监理工程师签字，建设单位不拨付工程款，不进行竣工验收；

　　■　监理工程师按照工程监理规范的要求，采取旁站、巡视和平行检验等形式，对建设工程实施监理；

　　■　……

　　从施工单位的角度考虑，施工阶段的质量目标与任务主要包括：

　　■　编制项目质量计划及施工组织计划，建立和完善质量保证体系；

　　■　编制测量方案，复测和验收现场地位轴线及高程标桩；

　　■　工程开工前及施工过程中，进行书面技术交底，办理签字手续并归档；

　　■　组织原材料、构配件、半成品和工程设备的现场检查、验收和测试，并报监理工程师批准；

　　■　组织工序交接检查、隐蔽工程验收和技术复核工作；

　　■　严格执行工程变更程序，工程变更事项经有关方批准后才能实施；

　　■　按国家建设项目质量管理有关规定处理施工过程中发生的质量事故；

　　■　落实建筑产品或半成品保护措施；

　　■　……

　　从材料设备供应商的角度考虑，施工阶段的质量目标与任务主要包括：

　　■　材料设备供应商应对所生产或供应的产品质量负责，具备相应的生产条件和技术设备；

　　■　配备必要的检测人员和检测设备；

　　■　建立质量保证体系；

　　■　按照合同条款的要求进行质量验收。

　　■　……

　　不管是哪一方的质量管理都是为了使工程达到预期的质量目标而服务的，且往往不是独立的，而是有机的交织在一起，并在施工阶段的过程中体现的更为明显，因为这一阶段正是产品形成的过程，各种冲突与矛盾也最为突出。本章将对施工阶段的质量控制展开详细的阐述。

　　二、工程施工质量控制的系统过程

　　由于施工阶段是使工程设计意图最终实现，并形成工程实体的阶段，也是最终形成工程实体质量的系统过程，所以施工阶段的质量控制是一个由对投入的资源和条件的质量控制，进而对生产过程及各环节质量进行控制，直到对所完成的工程产出品的质量检验与控制为止的全过程的系统控制过程。这个系统过程可以按施工阶段工程实体质量形成的时间阶段划分，也可以根据施工层次加以分解来划分。

　　（一）按工程实体质量形成过程的时间阶段划分❶

　　（1）施工准备。指在各工程对象正式施工活动开始前的各项准备工作，这是确保施工质量的先决条件。包括相应施工技术标准的准备，质量管理体系、施工质量检验制度、综合施工质量水平评定考核制度的建立，施工方案的编制，各类人员、机械设备的配备，原材料、构配件的准备，图纸会审，技术交底等。

　　（2）施工过程。指在施工过程各生产要素的实际投入和作业技术活动的实施。包括作业技术交底、各道工序的形成及作业者对质量的自控和来自有关管理者的监控行为。

　　（3）竣工验收。它是指对于通过施工过程所完成的具有独立的功能和使用价值的最终产品（单位工程或整个工程项目）及有关方面（例如质量文档）的质量认可。

　　上述三个环节的质量控制系统过程及其所涉及的主要方面如图4-1所示。

　　（二）按工程实体形成过程中物质形态转化的阶段划分

　　由于工程对象的施工是一项物质生产活动，所以施工阶段的质量控制系统过程也是一

---

　　❶　资料来源：全国建设工程质量监督工程师培训教材编写委员会，全国建设工程质量监督工程师培训教材审定委员会. 工程质量管理与控制（试行本）[M]. 北京：中国建筑工业出版社，2001.

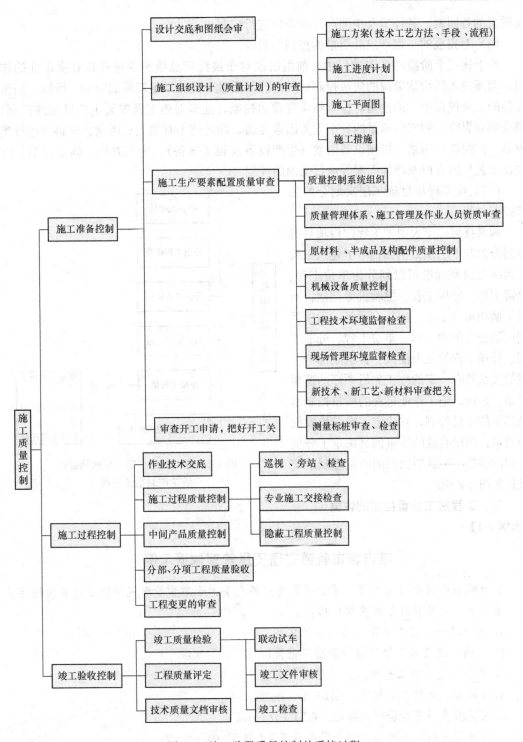

图 4-1 施工阶段质量控制的系统过程

个经由以下三个阶段的系统控制过程。

(1) 对投入的物质资源质量的控制。

(2) 施工过程质量控制。即在使投入的物质资源转化为工程产品的过程中,对影响产品质量的各因素、各环节及中间产品的质量进行控制。

（3）对完成的工程产出品质量的控制与验收。

在上述三个阶段的系统过程中，前两阶段对于最终产品质量的形成具有决定性的作用，而所投入的物质资源的质量控制对最终产品质量又具有举足轻重的影响。所以，质量控制的系统过程中，无论是对投入物质资源的控制，还是对施工及安装生产过程的控制，都应当对影响工程实体质量的五个重要因素方面，即对施工有关人员因素、材料（包括半成品、构配件）因素、机械设备因素（生产设备及施工准备）、施工方法（施工方案、方法及工艺）因素以及环境因素等进行全面的控制。

（三）按工程项目施工层次划分的系统控制过程

通常任何一个大中型工程建设项目可以划分为若干层次。例如，对于建筑工程项目按照国家标准可以划分为单位工程、分部工程、分项工程、检验批等层次；而对于诸如水利水电、港口交通等工程项目则可划分为单项工程、单位工程、分部工程、分项工程等几个层次。各组成部分之间的关系具有一定的施工先后顺序的逻辑关系。显然，施工作业过程的质量控制是最基本的质量控制，它决定了有关检验批的质量；而检验批的质量的又决定了分项工程的质量……各层次间的质量控制系统过程如图 4-2 所示。

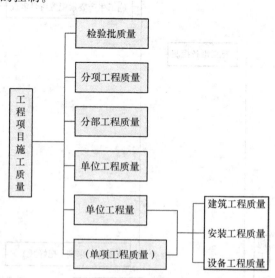

图 4-2　按工程项目施工层次划分的质量控制系统过程

三、工程施工质量控制的依据

【示例 4-1】

某市城市轨道交通质量管理依据示例

某市城市轨道交通《工程质量管理规定》第七条对于质量管理规定的依据做出规定：

第七条　质量管理依据主要包括：

1. 昆明轨道交通工程设计图及设计文件；

2. 昆明轨道交通工程工程地质勘察报告；

3. 昆明轨道交通工程施工、监理合同文件；

4.《混凝土质量控制标准》GB 50164—92；

5.《混凝土强度检验评定标准》GBJ 107—87；

6.《混凝土结构工程施工质量验收规范》GB 50204—2002；

7.《锚杆喷射混凝土支护技术规范》GB 50086—2001；

8.《建筑变形测量规程》JGJ/T 8—97；

9.《工程测量基本术语标准》GB/T 50228—96；

10.《城市测量规范》CJJ 8—99；《工程测量规范》GB 50026—2007；

11. 《地下铁道、轻轨交通工程测量规范》GB 50308—1999；

12. 《建筑防腐蚀工程质量检验评定标准》GB 50224—95；

13. 《建筑防腐蚀工程施工及验收规范》GB 50212—2002；

14. 《建筑机械使用安全技术规程》JGJ 33—2001；

15. 《建筑与市政降水工程技术规范》JGJ/T 111—98；

16. 《建筑装饰装修工程质量验收规范》GB 50210—2001；

17. 《建筑工程施工质量验收统一标准》GB 50300—2001；

18. 《砌体工程施工质量验收规范》GB 50203—2002；

19. 《钢筋焊接及验收规程》JGJ 18—2003；

20. 《钢筋锥螺纹接头技术规程》JGJ 109—96；

21. 《钢筋机械连接通用技术规程》JGJ 107—2003；

22. 《钢筋焊接接头试验方法标准》JGJT 27—2001；

23. 《工程建设施工现场焊接目视检验规范》CECS 71：94；

24. 《施工现场临时用电安全技术规程》JGJ 46—2005；

25. 《建筑工程施工现场供用电安全规范》GB 50194—93；

26. 《建筑机械使用安全技术规程》JGJ 33—2001；

27. 《建筑施工高处作业安全技术规范》JGJ 80—91；

28. 《建设工程工程量清单计价规范》GB 50500—2003；

29. 《地铁设计规范》GB 50157—2003；

30. 《地下铁道设计规范》GB 50157—92；

31. 《地下铁道工程施工及验收规范》GB 50299—1999；

32. 《轨道交通车站工程施工质量验收标准（试行）》

33. 《铁路隧道喷锚构筑法技术规范》TB 10108—2002；

34. 《铁路隧道施工规范》TB 10204—2002；

35. 《铁路隧道施工技术安全规则》TBJ 404—87；

36. 《铁路隧道工程施工质量验收标准》TB 10417- 2003；

37. 《铁路隧道防排水技术规范》TB 10119—2000～J72—2001；

38. 《地下防水工程质量验收规范》GB 50208—2002；

39. 《地下工程防水技术规范》GB 50108—2001；

40. 《土方与爆破工程施工及验收规范》GBJ 204—83；

41. 《人民防空工程施工及验收规范》GB 50134—2004；

42. 《盾构法隧道施工与验收规范》GB 50446—2008；

43. 《城市桥梁工程施工与质量验收规范》CJJ 2—2008；

44. 《建筑工程质量检验评定标准》GB 50210—2001；

45. 《轨道交通降水工程施工质量验收标准（试行）》

国家、省、市建设行政主管部门、质量监督站、监理督检组、昆明市轨道交通有限公司下发的有关工程质量管理文件。

施工阶段的质量控制可以依据下列四类文件进行，见图4-3。

（一）工程承包合同文件

工程施工承包合同文件（还包括招标文件、投标文件及补充文件）和委托监理合同中分别规定了工程项目参建各方在质量控制方面的权利和义务的条款，有关各方必须履行在合同中的承诺。监理单位既要履行监理合同的条款，又要监督建设单位、施工单位、设计单位和材料供应单位履行有关的质量控制条款。因此，监理

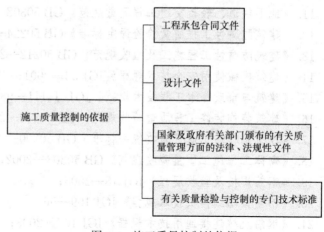

图 4-3　施工质量控制的依据

工程师要熟悉这些条款，据以进行质量监督和控制。当发生质量纠纷时，及时采取措施予以解决。

（二）设计文件

"按图施工"是施工阶段质量控制的一项重要原则。因此，经过批准的设计图纸和技术说明书等设计文件是质量控制的重要依据。但是从严格质量管理和质量控制的角度出发，监理单位在施工前还应参加由建设单位组织的设计单位及承包单位参加的设计交底及图纸会审工作，已达到了解设计意图和质量要求，发现图纸差错和减少质量隐患的目的。

（三）国家及政府有关部门颁布的有关质量管理方面的法律、法规性文件

包括三个层次：第一层次是国家的法律，第二层次是部门的规章，第三个层次是地方的法规与规定。国家及建设行政主管部门所颁发的有关质量管理方面的法规性文件主要有：

（1）《中华人民共和国建筑法》（1997 年 11 月 1 日中华人民共和国主席令第 91 号发布）；

（2）《建设工程质量管理条例》（2000 年 1 月 30 日中华人民共和国国务院令第 279 号发布）；

（3）《建筑业企业资质管理规定》（2001 年 4 月建设部发布）；

（4）《房屋建筑工程和市政基础设施工程竣工验收备案管理暂行办法》（2000 年 4 月 7 日中华人民共和国建设部令第 78 号）；

（5）《城市建筑档案管理规定》（1997 年 12 月 23 日建设部令第 61 号发布，根据 2001 年 7 月 4 日建设部令第 90 号《建设部发布关于〈城市建设档案管理规定〉的决定》修正）。

其他各行业如交通、能源、水利、冶金、化工等的政府主管部门和省、市、自治区的有关主管部门，也均根据本行业及地方的特点，制定和颁发了有关的法规性文件。

（四）有关质量检验与控制的专门技术标准

这类文件依据一般是针对不同行业、不同的质量控制对象而制定的技术法规性的文件，包括各种有关的技术标准、技术规范、规程或质量方面的规定。

技术标准有国际标准（如 ISO 系列）、国家标准、行业标准和企业标准之分。它们是

建立和维护正常的生产和工作秩序应遵守的准则，也是衡量工程、设备和材料质量的尺度。如：质量检验及评定标准，材料、半成品或构配件的技术检验和验收标准等。技术规程或规范，一般是执行技术标准，保证施工有秩序地进行而为有关人员制定的行动的准则，通常它们与质量的形成有密切关系，应严格遵守。例如：施工技术规程、操作规程、设备维护和检修规程、安全技术规程以及施工及验收规范等。各种有关质量方面的规定，一般是有关主管部门根据需要而发布的带有方针目标性的文件，它对于保证标准规程、规范的实施具有指令性的特点。此外，对于大型工程，尤其是在对外承包工程和外资、外贷工程的质量监理与控制中，还会涉及国际标准和国外标准或规范，当需要采用某些国际或国外的标准或规范进行质量控制时，还需要熟悉它们。

这些专门性的标准通常有以下几类：

（1）建筑工程项目施工质量验收标准。这类标准主要是由国家或行业部门统一制定的，用以作为检验和验收工程项目质量水平所依据的技术法规性文件。例如，评定建筑工程施工质量验收的标准规范有《建筑工程施工质量验收统一标准》GB 50300—2001、《混凝土结构工程施工质量验收规范》GB 50204—2002（2010 版）、《建筑装饰装修工程质量验收规范》GB 50210—2001、《建筑给排水及采暖工程施工质量验收规范》GB 50242—2002 等。对于其他行业如水利、电力、交通等工程项目的质量验收，也有与之类似的相应的质量验收标准。

（2）有关工程材料、半成品和构配件质量控制方面的专门技术法规性依据。

有关材料及其制品质量的技术标准。诸如水泥、木材及其制品、钢材、砖瓦、砌块、石材、石灰、砂、玻璃、陶瓷及其制品；涂料、保温及吸声材料、防水材料、塑料制品；建筑五金电缆电线、绝缘材料以及其他材料或制品的质量标准。

有关材料或半成品等的取样、试验等方面的技术标准或规程。例如，木材的物理力学试验方法总则，钢材的机械及工艺试验取样法，水泥安定性检验方法等；

有关材料验收、包装、标志方面的技术标准和规定。例如，型钢的验收、包装、标志及质量证明书的一般规定；钢管验收、包装、标志及质量证明书的一般规定等。

（3）控制施工作业活动质量的技术规程。为了保证施工工序的质量，在操作过程中应遵照执行的技术规程，例如电焊操作规程、砌砖操作规程、混凝土施工操作规程等。

（4）凡采用新材料、新工艺、新技术工程，应事先进行试验，并应有权威性技术部门的技术鉴定书及有关的质量数据、指标，以此作为判断与控制质量的依据。

四、工程施工质量控制的工作程序

【示例 4-2】

某市××会展城 A 区分部分项工程质量控制程序示例[1]

工程名称：××会展城 A 组团

工程地点：××金阳新区观山东路北侧、长岭北路西侧

设计单位：××建筑科学研究院新技术开发中心

地勘单位：××地质勘察设计院

---

[1]　本案例来源：http：//wenku. baidu. com/view/97e424f6f61fb7360b4c6523. html

总承包单位：××第四工程局有限公司

总建筑面积：约125万平方米

结构类型：钢筋混凝土框架-剪力墙结构

建筑概况：分 A1～A10 共 10 个分区，共 61 栋高层和局部配套多层组成。每个分区由地下室两层、地上 2 层建筑物组成。

其分部分项工程质量控制程序如图 4-4，图 4-5 所示。

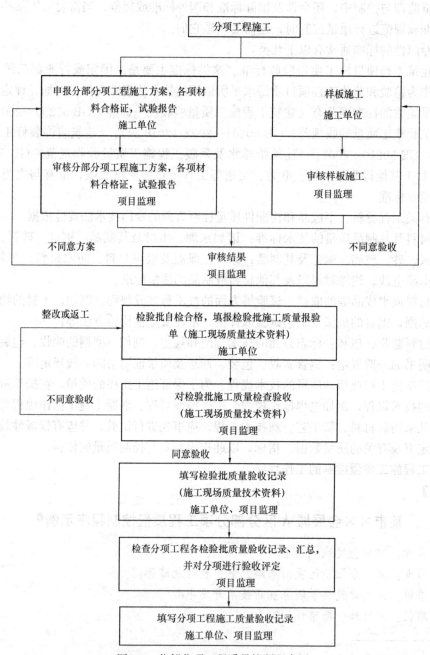

图 4-4 分部分项工程质量控制程序图

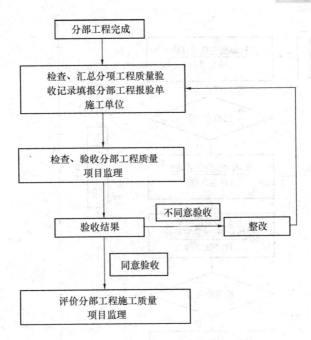

图 4-5　分部工程质量控制流程图

在施工过程中，质量控制的任务就是要对施工的全过程、全方位进行监督、检查与控制，不仅涉及最终产品的检查、验收，而且涉及施工过程的各环节及中间产品的监督、检查与验收。这种全过程、全方位的质量控制一般程序简要框图见图 4-6。

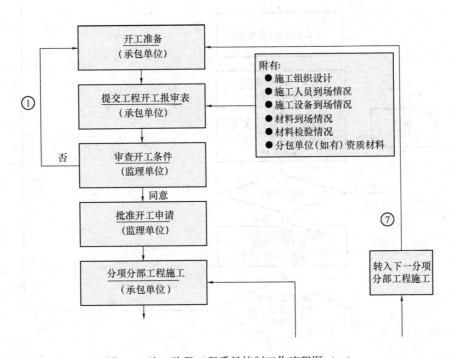

图 4-6　施工阶段工程质量控制工作流程图（一）

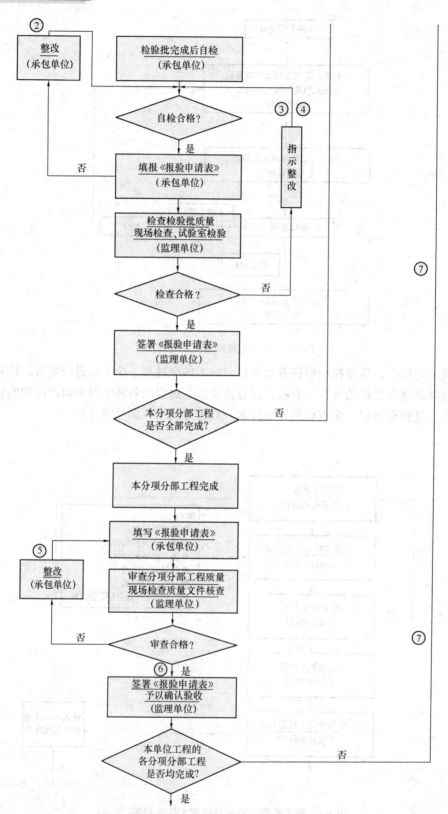

图 4-6 施工阶段工程质量控制工作流程图（二）

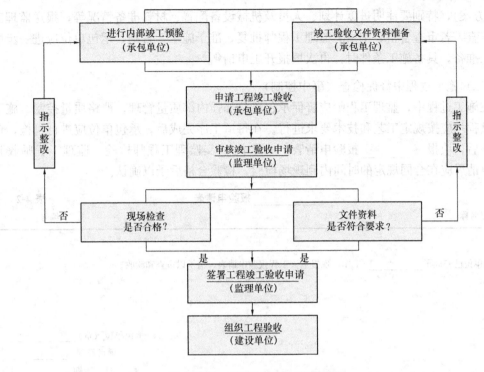

图 4-6　施工阶段工程质量控制工作流程图（三）

（一）开工条件审查（事前控制）

单位工程（或重要的分部、分项工程）开工前，承包商必须做好施工准备工作，然后填报《工程开工/复工报审表》（表 4-1），并附上该项工程的开工报告、施工组织设计

工程开工/复工报审表　　　　　　　　　　　　　　　　　　　　　表 4-1

工程名称：　　　　　　　　　　　　　　　　　　　　　　　　　　　编号：

致： 　　我方承担的_____工程，已完成了以下各项工作，具备了开工/复工条件，特此申请施工，请核查并签发开工/复工指令。 　　附：1. 开工报告 　　　　2.（证明文件） 　　　　　　　　　　　　　　　　　　　　　　　　　承包单位（章）_____ 　　　　　　　　　　　　　　　　　　　　　　　　　项目经理_____ 　　　　　　　　　　　　　　　　　　　　　　　　　日　期_____
审查意见：   　　　　　　　　　　　　　　　　　　　　　　　　　项目监理机构_____ 　　　　　　　　　　　　　　　　　　　　　　　　　总监理工程师_____ 　　　　　　　　　　　　　　　　　　　　　　　　　日　期_____

（施工方案），特别要注明进度计划、人员及机械设备配置、材料准备情况等，报送监理工程师审查。若审查合格，则由总监理工程师批复，准予施工。否则，承包单位应进一步做好施工准备，具备施工条件时，再次填报开工申请❶。

（二）施工过程中督促检查（事中控制）

在施工过程中，监理工程师应督促承包单位加强内部质量管理，严格质量控制。施工作业过程均应按规定工艺和技术要求进行。在每道工序完成后，承包单位应进行自检，自检合格后，填报《_____报验申请表》（表4-2）交监理工程师检验。监理工程师收到检查申请后应在合同规定的时间内到现场检验，检验合格后予以确认。

_____报验申请表   表 4-2

工程名称：   编号：

致：

　　我单位已完成了_____工作，现报上该工程报验申请表，请予以审查和验收。

　　附：

承包单位（章）_____
项目经理 _____
日　　期_____

审查意见：

项目监理机构_____
总/专业监理工程师_____
日　　期_____

（三）质量验收（事后控制）

只有上一道工序被确认质量合格后，方能准许下道工序施工，按上述程序完成逐道工序。当一个检验批、分项、分部工程完成后，承包单位首先对检验批、分项、分部工程进行自检，填写相应质量验收记录表，确认工程质量符合要求，然后向监理工程师提交《_____报验申请表》（表4-2），附上自检的相关资料，经监理工程师现场检查及对相关资料审核后，符合要求予以签认验收，反之，则指令承包单位进行整改或返工处理。

在施工质量验收过程中，涉及结构安全的试块、试件以及有关材料，应按规定进行见证取样检测；对涉及结构安全和使用功能的重要分部工程，应进行抽样检测，承担见证取样检测及有关结构安全检测的单位应具有相应资质。

<hr>

❶ 资料来源：全国建设工程质量监督工程师培训教材编写委员会，全国建设工程质量监督工程师培训教材审定委员会. 工程质量管理与控制（试行本）[M]. 北京：中国建筑工业出版社，2001.

五、工程施工质量的影响因素

工程项目管理中的质量控制主要表现为施工组织和施工现场的质量控制，控制的内容包括工艺质量控制和产品质量控制。影响质量控制的因素主要有 4M1E，即"人、机、料、法、环"等五大方面，如图 4-7 所示。

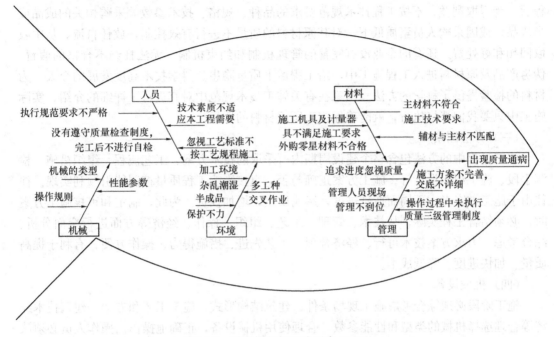

图 4-7　质量控制的影响因素 4M1E

（一）人的因素

人的因素主要指领导者的素质，操作人员的理论、技术水平，生理缺陷，粗心大意，违纪违章等。施工时首先要考虑到对人的因素的控制，因为人是施工过程的主体，工程质量的形成受到所有参加工程项目施工的工程技术干部、操作人员、服务人员共同作用，他们是形成工程质量的主要因素。首先，应提高他们的质量意识。施工人员应当树立五大观念即质量第一的观念、预控为主的观念、为用户服务的观念、用数据说话的观念以及社会效益、企业效益（质量、成本、工期相结合）综合效益观念。其次，是人的素质，领导层、技术人员素质高，决策能力就强，就有较强的质量规划、目标管理、施工组织和技术指导、质量检查的能力；管理制度完善，技术措施得力，工程质量就高。操作人员应有精湛的技术技能、一丝不苟的工作作风，严格执行质量标准和操作规程的法制观念；服务人员应做好技术和生活服务，以出色的工作质量，间接地保证工程质量。提高人的素质，可以依靠质量教育、精神和物质激励的有机结合，也可以靠培训和优选，进行岗位技术练兵。

（二）材料因素

材料（包括原材料、成品、半成品、构配件）是工程施工的物质条件，材料质量是工程质量的基础，材料质量不符合要求，工程质量也就不可能符合标准。所以加强材料的质量控制，是提高工程质量的重要保证。影响材料质量的因素主要是材料的成分、物理性能、化学性能等。材料控制的要点有：（1）优选采购人员，提高他们的政治素质和质量鉴定水平，挑选那些有一定专业知识、忠于事业的人担任该项工作。（2）掌握材料信息，优选供货厂家。（3）合理组织材料供应，确保正常施工。（4）加强材料的检查验收，严把质量关。（5）抓好材料的现场管理，并做好合理使用。（6）搞好材料的试验、检验工作。据统计资料，建筑工程中材料费用占总投资的 70％，或正因为这样，一些承包商在拿到工程后，为谋取利益，不按工程技术规范要求的品种、规格、技术参数等采购相关的成品或半成品，或因采购人员素质低下，对其原材料的质量不进行有效控制，放任自流，从中收取回扣和好处费。还有的企业没有完善的管理机制和约束机制，无法杜绝不合格的假冒、伪劣产品及原材料进入工程施工中，给工程留下质量隐患。科学技术高度发展的今天，为材料的检验提供了科学的方法。国家在有关施工技术规范中对其进行了详细的介绍，实际施工中只要我们严格执行，就能确保施工所用材料的质量。

（三）方法因素

施工过程中的方法包含整个建设周期内所采取的技术方案、工艺流程、组织措施、检测手段、施工组织设计等。施工方案正确与否，直接影响工程质量控制能引顺利实现。往往由于施工方案考虑不周而拖延进度，影响质量，增加投资。为此，制定和审核施工方案时，必须结合工程实际，从技术、管理、工艺、组织、操作、经济等方面进行全面分析、综合考虑，力求方案技术可行、经济合理、工艺先进、措施得力、操作方便，有利于提高质量、加快进度、降低成本。

（四）机械设备

施工阶段必须综合考虑施工现场条件、建筑结构形式、施工工艺和方法、建筑技术经济等合理选择机械的类型和性能参数，合理使用机械设备，正确地操作。操作人员必须认真执行各项规章制度，严格遵守操作规程，并加强对施工机械的维修、保养、管理。

（五）环境因素

影响工程质量的环境因素较多，有工程地质、水文、气象、噪声、通风、振动、照明、污染等。环境因素对工程质量的影响具有复杂而多变的特点，如气象条件就变化万千，温度、湿度、大风、暴雨、酷暑、严寒都直接影响工程质量，往往前一工序就是后一工序的环境，前一分项、分部工程也就是后一分项、分部工程的环境。因此，根据工程特点和具体条件，应对影响质量的环境因素，采取有效的措施严加控制。

此外，冬雨期、炎热季节、风季施工时，还应针对工程的特点，尤其是混凝土工程、土方工程、水下工程及高空作业等，拟定季节性保证施工质量的有效措施，以免工程质量受到冻害、干裂、冲刷等的危害。同时，要不断改善施工现场的环境，尽可能减少施工所产生的危害对环境的污染，健全施工现场管理制度，实行文明施工。

通过科技进步，全面质量管理，提高质量控制水平。国家建设部《技术政策》中指出："要树立建筑产品观念，各个环节中要重视建筑最终产品的质量和功能的改进，通过技术进步，实现产品和施工工艺的更新换代"。这里阐明了新技术、新工艺和质量的关系。为了工程质量，应重视新技术、新工艺的先进性、适用性。在施工的全过程中，要建立符合技术要求的工艺流程质量标准、操作规程，建立严格的考核制度，不断改进和提高施工技术和工艺水平。确保工程质量。建立严密的质量保证体系和质量责任制，各分部、分项工程均要全面实行到位管理，施工队伍要根据自身情况和工程特点及质量通病，确定质量目标和攻关内容。制定具体的质量保证计划和攻关措施。明确实施内容、方法和效果。在实施质量计划和攻关措施中加强质量检查，其结果要定量分析，得出结论、经验，并转化成今后保证质量的"标准"和"制度"，形成新的质保措施；发现的问题则作为以后质量管理的预控目标。

第二节 工程施工准备的质量控制

【示例 4-3】

××协和城施工准备的质量控制措施示例❶

该协和城项目位于渝中区解放碑官井巷地块，建设单位提出建设 600 多米的摩天大楼概念性方案，是渝中区重点项目，在项目启动前，业主组织了工程质量管理策划，其中关于施工准备的质量控制如下：

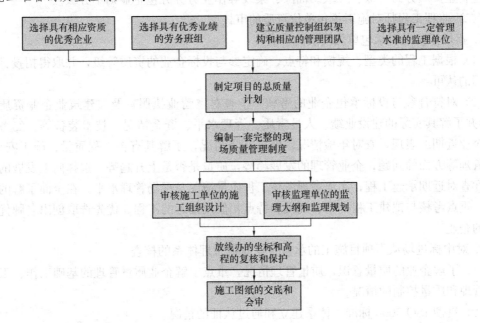

一、施工承包单位资质的核查

（一）施工承包单位资质的分类

国务院建设行政主管部门为了维护建筑市场的正常秩序，加强管理，保障承包单位的合法权益和保证工程质量，制定了建筑业企业资质等级标准。承包单位必须在规定的范围内进行经营活动，且不得超范围经营。建设行政主管部门对承包单位的资质实行动态管理，建立相应的考核，资质升降及审查规定。

施工承包企业按照其承包工程能力，划分为施工总承包、专业承包和劳务分包三个序列。这三个序列按照工程性质和技术特点分别划分为若干资质类别，各资质类别按照规定的条件划分为若干等级。

（1）施工总承包企业。获得施工总承包资质的企业，可以对工程实行施工总承包或者

---

❶ 本案例来源：中国地产·协和城工程质量管理策划书.

对主体工程实行施工承包，施工总承包企业可以将承包的工程全部自行施工，也可以将非主体工程或者劳务作业分包给具有相应专业承包资质或者劳务分包资质的其他建筑业企业。施工总承包企业的资质按专业类别共分为 12 个资质类别，每一个资质类别又分成特级、一、二、三级。

（2）专业承包企业。获得专业承包资质的企业，可以承接施工总承包企业分包的专业工程后者建设单位按照规定发包的专业工程。专业承包企业可以对所承接的工程全部自行施工，也可以将劳务作业分包给具有相应劳务分包资质的劳务分包企业。专业承包企业资质按专业类别共分为 60 个资质类别，每一个资质类别又分为一、二、三级。

（3）劳务分包企业。获得劳务分包资质的企业，可以承接施工总承包企业或者专业承包企业的劳务作业。劳务承包企业有十三个资质类别，如木工作业、砌筑作业、钢筋作业、架线作业等。有的资质类别分成若干级，有的则不分级，如木工、砌筑、钢筋作业劳务分包企业资质分为一级、二级。油漆、架线等作业劳务分包企业则不分级。

（二）监理工程师对施工承包单位资质的审核

1. 招投标阶段对承包单位资质的审查

（1）根据工程的类型、规模和特点，确定参与投标企业的资质等级，并取得招投标管理部门的认可。

（2）对符合参与投标承包企业的考核。①查对《营业执照》及《建筑业企业资质证书》，并了解其实际的建设业绩、人员素质、管理水平、资金情况、技术装备等。②考核承包企业近期的表现，查对年检情况，资质升降情况，了解其有否工程质量、施工安全、现场管理等方面的问题，企业管理的发展趋势，质量是否是上升趋势，选择向上发展的企业。③查对近期承建工程，实地参观考核工程质量情况及现场管理水平。在全面了解的基础上，重点考核与拟建工程类型、规模和特点相似或接近的工程。优先选取创出名牌优质工程的企业。

2. 对中标进场从事项目施工的承包企业质量管理体系的核查

（1）了解企业的质量意识，质量管理情况，重点了解企业质量管理的基础工作、工程项目管理和质量控制的情况。

（2）贯彻 ISO 9000 标准、体系建立和通过认证的情况。

（3）企业领导班子的质量意识及质量管理机构落实、质量管理权限实施的情况等。

（4）审核承包单位现场项目经理部的质量管理体系。

承包单位健全的质量管理体系，对于取得良好的施工效果具有重要作用，因此，监理工程师做好承包单位质量管理体系的审核是搞好监理工作的重要环节，也是取得好的工程质量的重要条件。①承包单位向监理工程师报送项目经理部的质量管理体系的有关资料，包括组织机构、各项制度、管理人员、专职质检员、特种作业人员的资格证、上岗证、试验室。②监理工程师对报送的相关资料进行审核，并进行实地检查。③经审核，承包单位的质量管理体系满足工程质量管理的需要，总监理工程予以确认；对于不合格人员，总监理工程师有权要求承包单位予以撤换，不健全、不完善之处要求承包单位尽快整改。

二、施工组织设计（质量计划）的审查

（一）质量计划与施工组织设计

质量计划是质量策划结果的一项管理文件。对工程建设而言，质量计划主要是针对特定的工程项目为完成预定的质量控制目标，编制专门规定的质量措施、资源和活动顺序的文件。其作用是，对外作为针对特定工程项目的质量保证，对内作为针对特定工程项目质量管理的依据。根据质量管理的基本原理，质量计划包含为达到质量目标、质量要求的计划、实施、检查机处理这四个环节的相关内容，即 PDCA 循环。具体而言，质量计划应包括下列内容：编制依据；项目概况；质量目标；组织结构；质量控制及管理组织协调的系统描述；必要的质量控制手段，检验和实验程序等；确定关键过程和特殊过程及作业的指导书；与施工过程相适应的检验、试验、测量、验证要求；更改和完善质量计划的程序等。

（1）P—计划。计划主要是确定为达到预期的各项质量目标，通过施工组织设计文件的编制，提出作业技术活动方案，即施工方案，包括施工工艺、方法、机械设备、脚手模具等施工手段配置的技术方案和施工区段划分、施工流向、工艺顺序及劳动组织等组织方案。

（2）D—实施。进行质量计划目标和施工方案的交底，落实相关条件并按质量计划的目标所确定的程序和方法展开作业技术活动。

（3）C—检查。首先是检查有没有严格按照预定的施工方案认真执行，其次是检查实际的施工结果是否达到预定的质量要求。

（4）A—处理。对检查中发现偏离目标值的纠偏及改正，出现质量不合格的处置及不合格的预防。包括应急措施和预防措施与持续改进的途径。

国外工程项目中，承包单位要提交施工计划及质量计划。施工计划是承包单位进行施工的依据，包括施工方法、工序流程、进度安排、施工管理及安全对策、环保对策等。在我国现行的施工管理中，施工承包单位要针对每一特定工程项目进行施工组织设计，以此作为施工准备和施工全过程的指导性文件。为确保工程质量，承包单位在施工组织设计中加入了质量目标、质量管理及质量保证措施等质量计划的内容。

质量计划与现行施工管理中的施工组织设计有相同的地方，又存在着差别。

（1）对象相同。质量计划和施工组织设计都是针对某一特定工程项目而提出的。

（2）形式相同。二者均为文件形式。

（3）作用既相同又存在区别。投标时，投标单位向建设单位提供的施工组织设计或质量计划的作用是相同的，都是对建设单位作出工程项目质量管理的承诺；施工期间承包单位编制的详细的施工组织设计仅供内部使用，用于具体指导工程项目的施工，而质量计划的主要作用是向建设单位作出的保证。

（4）编制的原理不同。质量计划的编制是以质量管理标准为基础的，从质量职能上对影响工程质量的各环节进行控制；而施工组织设计则是从施工部署的角度，着重于技术质量形成规律来编制全面施工管理的计划文件。

（5）在内容上各有侧重点。质量计划的内容按其功能包括：质量目标、组织机构和人员培训、采购、过程质量控制的手段和方法；而施工组织设计是建立在对这些手段和方法结合工程特点具体而灵活运用的基础上。

（二）施工组织设计的审查程序

施工组织设计已包含了质量计划的主要内容，因此，监理工程师对施工组织设计的审查也同时包括了对质量计划的审查。

（1）在工程项目开工前约定的时间内，承包单位必须完成施工组织设计的编制及内部自审批准工作，填写《施工组织设计（方案）报审表》（表4-3）

施工组织设计（方案）报审表 表4-3

工程名称：   编号：

致：
 	
  我方已根据施工合同的有关规定完成了工程施工组织设计（方案）的编制，并经我单位上级技术负责人审查批准，请予以审查。
 	
  附：施工组织设计（方案）
 	
<div align="right">承包单位（章）
项目经理
日　期</div>

专业监理工程师审查意见：   <div align="right">专业监理工程师 日　期</div>
总监理工程师审核意见：   <div align="right">项目监理机构 总监理工程师 日　期</div>

（2）总监理工程师在约定的时间内，组织专业监理工程师审查，提出意见后，由总监理工程师审核签认。需要承包单位修改时，由总监理工程师签发书面意见，退回承包单位修改后再报审，总监理工程师重新审查。

（3）已审定的施工组织设计由项目监理机构报送建设单位。

（4）承包单位应按审定的施工组织设计文件组织施工。如需对其内容做较大的变更，应在实施前将变更内容书面报送项目监理机构审核。

（5）规模大、结构复杂或属新结构、特种结构的工程，项目监理机构对施工组织设计审查后，还应报送监理单位技术负责人审核，提出审查意见后由总监理工程师签发，必要时与建设单位协商，组织有关专业部门和有关专家会审。

（6）规模大、工艺复杂的工程、群体工程或分期出图的工程，经建设单位批准可分阶段报审施工组织设计；技术复杂或采用新技术的分项、分部工程，承包单位还应编制该分项、分部工程的施工方案，报项目监理机构审查。

（三）审查施工组织设计时应掌握的原则

（1）施工组织设计的编制、审查和批准应符合规定的程序。

（2）施工组织设计应符合国家的技术政策，充分考虑承包合同规定的条件、施工现场条件及法规条件的要求，突出"质量第一、安全第一"的原则。

（3）施工组织设计的可操作性。承包单位是否了解并掌握了本工程的特点及难点，施工条件是否分析充分。

（4）施工组织设计的可操作性。承包单位是否有能力执行并保证工期和质量目标；该施工组织设计是否切实可行。

（5）技术方案的先进性。施工组织设计采用的技术方案和措施是否先进适用，技术是否成熟。

（6）质量管理和技术管理体系，质量保证措施是否健全且切实可行。

（7）安全、环保、消防和文明施工措施是否切实可行并符合有关规定。

（8）在满足合同和法规要求的前提下，对施工组织设计的审查，应尊重承包单位的自主技术决策和管理决策。

（四）施工组织设计审查的注意事项

（1）重要的分部、分项工程的施工方案，承包单位在开工前，向监理工程师提交的详细说明为完成该项工程的施工方法、施工机械设备及人员配备与组织、质量管理措施以及进度安排等，报请监理工程师审查认可后方能实施。

（2）在施工顺序上应符合先地下、后地上；先土建、后设备；先主体、后维护的基本规律。

所谓先地下、后地上是指地上工程开工前，应尽量完成管道、线路等地下设施和土方与基础工程的施工，以避免干扰，造成浪费、影响质量。此外，施工流向要合理，即平面和里面上都要考虑施工的质量保证与安全保证；考虑使用的先后和区段的划分，与材料、构配件的运输不发生冲突。

（3）施工方案与施工进度计划的一致性。施工进度计划的编制应以确定的施工方案为依据，正确体现施工的总体部署、流向顺序及工艺关系等。

（4）施工方案与施工平面图布置的协调一致。施工平面图的静态布置内容，如临时施工供水供电供热、供气管道、施工道路、临时办公房屋、物资仓库等，以及动态布置内容，如施工材料模板、工具器具等，应做到布置有序，有利于各阶段施工方案的实施。

三、现场施工准备的质量控制

（一）工程定位及标高基准控制

工程施工测量放线是建设工程产品由设计转化为实物的第一步。施工测量的质量好坏，直接影响工程产品的综合质量，并且制约着施工过程中有关工序的质量。例如测量控制基准点或标高有误，会导致建筑物或结构的位置或高程出现误差，从而影响整体质量；又如长隧道采用两端或多端同时掘进时，若洞的中心线测量失准发生较大偏差，则会造成不能准确对接的质量问题；永久设备的基础预埋件定位测量失准，则会造成设备难以正确安装的质量问题等。因此，工程测量控制可以说是施工中事情质量控制的一项基础工作，它是施工准备阶段的一项重要内容。监理工程师应将其作为保证工程质量的一项重要的内容，在监理工作中，应由测量专业监理工程师负责工程测量的复核控制工作。

（1）监理工程师应要求施工承包单位，对建设单位（或其委托的单位）给定的原始基准点、基准线和标高等测量控制点进行复核，并将复测结果报监理工程师审核，经批准后施工承包单位才能据此进行准确的测量放线，监理施工测量控制网，并应对其正确性负责，同时做好基桩的保护。

（2）复测施工测量控制网。在工程总平面图上，各种建筑物或构筑物的平面位置是用施工坐标系统的坐标来表示的。施工测量控制网的初始坐标和方向，一般是根据测量控制点测定的，测定好建筑物的长向主轴线即可作为施工平面控制网的初始方向，以后在控制网加密或建筑物定位时，即不再用控制点定向，以免使建筑物发生不同的位移及偏转。复测施工测量控制网时，应抽检建筑方格网、控制高程的水准网点以及标桩埋设位置等。

（二）施工平面布置的控制

为了保证承包单位能够顺利施工，监理工程师应督促建设单位按照合同约定并结合承包单位施工的需要，事先划定并提供给承包单位占有和使用现场有关部分的范围。如果在现场的某一区域内需要不同的施工承包单位同时或先后施工、使用，就应根据施工总进度计划的安排，规定他们各自占用的时间和先后顺序，并在施工总平面图中详细注明各工作区的位置及占用顺序，监理工程师要检查施工现场总体布置是否合理，是否有利于保证施工的正常、顺利进行，是否有利于保证质量，特别是要对场区的道路、防洪排水、器材存放、给水及供电、混凝土供应及主要垂直运输机械设备布置等方面予以重视。

（三）材料构配件采购订货的控制

工程所需的原材料、半成品、构配件等都将构成为永久性工程的组成部分。所以，它们的质量好坏直接影响到未来工程产品的质量，因此需要事先对其质量进行严格控制。

（1）凡由承包单位负责采购的原材料、半成品或构配件，在采购订货前应向监理工程师申报；对于重要的材料，还应提交样品，供试验或鉴定，有些材料则要求供货单位提交理化试验单（如预应力钢筋的硫、磷含量等），经监理工程师审查认可后，方可进行订货采购。

（2）对于半成品或构配件，应按经过审批认可的设计文件和图纸要求采购订货，质量应满足有关标准和设计的要求，交货期应满足施工及安装进度安排的要求。

（3）供货厂家是制造材料、半成品、构配件的主体，所以通过考查，优选合格的供货厂家，是保证采购、订货质量的前提。为此，大宗的器材或材料的采购应当实行招标采购的方式。

（4）对于半成品和构配件的采购、订货，监理工程师应提出明确的质量要求、质量检测项目及标准；出厂合格证或产品说明书等质量文件的要求，以及是否需要权威性的质量认证等。

（5）某些材料，诸如瓷砖等装饰材料，订货时最好一次定齐，备足货源，以免由于分批而出现色泽不一的质量问题。

（6）供货厂方应向需方（订货方）提供质量文件，用以表明其提供的货物能够完全达到需方提出的质量要求。此外，质量文件也是承包单位（当承包单位负责采购时）将来在工程竣工时应提供的竣工文件的一个组成部分，用以证明工程项目所用的材料或构配件等的质量符合要求。

质量文件主要包括：产品合格证及技术说明书；质量检验证明；检测与试验者的资格证明；关键工序操作人员资格证明及操作记录（例如大型预应力构件的张拉应力工艺操作记录）；不合格品或质量问题处理的说明及证明；有关图纸及技术资料；必要时，还应附有权威性认证资料。

（四）施工机械配置的控制

（1）施工机械设备的选择，除应考虑施工机械的技术性能、工作效率、工作质量、可靠性及维修难易、能源消耗，以及安全、灵活等方面对施工质量的影响与保证外，还应考虑其数量配置对施工质量的影响与保证条件。例如，为保证混凝土连续浇筑，应配备有足够的搅拌机和运输设备；在一些城市建筑施工中，有防止噪声的限制，必须采用静力压桩等。此外，要注意设备型式应与施工对象的特点及施工质量要求相适应。例如，对于黏性土的压实，可以采用羊足碾进行分层碾压；但对于砂性土的压实则宜采用振动压实机等类型的机械。在选择机械性能参数方面，也要与施工对象特点及质量要求相适应，例如选择起重机械进行吊装施工时，其起重量、起重高度及起重半径均应满足吊装要求。

（2）审查施工机械设备的数量是否足够。例如在进行就地灌注桩施工时，是否有备用的混凝土搅拌机和振捣设备，以防止由于机械发生故障，使混凝土浇筑工作中断，造成断桩质量事故等。

（3）审查所需的施工机械设备，是否按已批准的计划备妥；所准备的机械设备是否与监理工程师审查认可的施工组织设计或施工计划中所列者相一致；所准备的施工机械设备是否都处于完好的可用状态等。对于与批准的计划中所列施工机械不一致，或机械设备的类型、规格、性能不能保证施工质量者，以及维护修理不良，不能保证良好的可用状态者，都不准使用。

（五）分包单位资质的审核确认

保证分包单位的质量，是保证工程施工质量的一个重要环节和前提。因此，监理工程师应对分包单位资质进行严格控制。

1. 分包单位提交《分包单位资质报审表》。总承包单位选定分包单位后，应向监理工程师提交《分包单位资质报审表》（表4-4），其内容一般应包括以下几方面：

分包单位资格报审表 表 4-4

工程名称： 编号：

致：			
经考察，我方认为拟选择的（分包单位）具有承担下列工程的施工资质和施工能力，可以保证本工程项目按合同的规定进行施工。分包后，我方仍承担总包单位的全部责任。请予以审查和批准。 附：1. 分包单位资质材料 2. 分包单位业绩材料			
分包工程名称（部位）	工程数量	拟分包工程合同额	分包工程占全部工程
		承包单位（章） 项目经理 日 期	
专业监理工程师审查意见： 专业监理工程师 日 期			
总监理工程师审核意见： 项目监理机构 总监理工程师 日 期			

（1）关于拟分包工程的情况。说明拟分包工程名称（部位）、工程数量、拟分包合同额，分包工程占全部工程额的比例。

（2）关于分包单位的基本情况，包括该分包单位的专业简介；资质材料；技术实力；企业过去的工程经验与业绩；企业的财务资本状况；施工人员的技术素质和条件等。

（3）分包协议草案。包括总承包单位与分包单位之间责、权、利、分包项目的施工工艺、分包单位设备和到场时间、材料供应；总包单位的管理责任等。

2. 监理工程师审查总承包单位提交的《分包单位资质报审表》。审查时，主要是审查施工承包合同是否允许分包，分包的范围和工程部位是否可进行分包，分包单位是否具有按工程承包合同规定的条件完成分包工程任务的能力。如果认为该分包单位不具备分包条件，则不予以批准。若监理工程认为该分包单位基本具备分包条件，则应在进一步调查后由总监理工程师予以书面确认。审查、控制的重点一般是分包单位施工组织者、管理者的资格与质量管理水平，特殊专业工种和关键施工工艺或新技术、新工艺、新材料等应用方面操作者的素质与能力。

3. 对分包单位进行调查。调查的目的是核实总承包单位申报的分包单位情况是否属实。如果监理工程师对调查结果满意，则总监理工程师应以书面形式批准该分包单位承担分包任务。总承包单位收到监理工程师的批准通知后，应尽快与分包单位签订分包协议，并将协议副本报送监理工程师备案。

（六）设计交底与施工图纸的现场核对

施工阶段，设计文件是监理工作的依据。因此，监理工程师应认真参加由建设单位主持的设计交底工作，以透彻地了解设计原则及质量要求；同时要督促承包单位认真做好审核及图纸核对工作，对于审图过程中发现的问题，及时以书面形式报告建设单位。

1. 监理工程师参加设计交底应着重了解的内容

（1）有关地形、地貌、水文气象、工程地质及水文地质等自然条件方面。

（2）主管部门及其他部门（如规划、环保、农业、交通、旅游等）对本工程的要求、设计单位采用的主要设计规范、市场供应的建筑材料情况等。

（3）设计意图方面。诸如设计思想、设计方案比选的情况、基础开挖及基础处理方案、结构设计意图、设备安装和调试要求、施工进度与工期安排等。

（4）施工应注意的事项方面。如基础处理的要求、对建筑材料方面的要求、主体工程设计中采用新结构或新工艺对施工提出的要求、为实现进度安排而应采用的施工组织和技术保证措施等。

2. 施工图纸的现场核对。施工图是工程施工的直接依据，为了使施工承包单位充分了解工程特点、设计要求，减少图纸的差错，确保工程质量，减少工程变更，监理工程师应要求施工承包单位做好施工图的现场核对工作。

施工图纸现场核对主要包括以下几个方面：

（1）施工图纸合法性的认定。施工图纸是否经设计单位正式签署，是否按规定经有关部门审核批准，是否得到建设单位的同意。

（2）图纸与说明书是否齐全，如分期出图，图纸供应是否满足需要。

（3）地下构筑物、障碍物、管线是否探明并标注清楚。

（4）图纸中有无遗漏、差错或相互矛盾之处（例如漏画螺栓孔、漏列钢筋明细表；尺寸标注有错误、平面图与相应的剖面图相同部位的标高不一致；工艺管道、电气线路、设备装置等是否相互干扰、矛盾）。图纸的表示方法是否清楚和符合标准（例如对预埋件、预留孔的表示以及钢筋构造要求是否清楚）等。

（5）地质及水文地质等基础资料是否充分、可靠，地形、地貌与现场实际情况是否相符。

（6）所需材料的来源有无保证，能否替代；新材料、新技术的采用有无问题。

（7）所提出的施工工艺、方法是否合理，是否切合实际，是否存在不便于施工之处，能否保证质量要求。

（8）施工图或说明书中所涉及的各种标准、图册、规范、规程等，承包单位是否具备。

对于存在的问题，要求承包单位以书面形式提出，在设计单位以书面形式进行解释或确认后，才能进行施工。

（七）严把开工关

在总监理工程师向承包单位发出开工通知书时，建设单位即应及时按计划保证质量地提供承包单位所需的场地和施工通道以及水、电供应等条件，以保证及时开工，防止承担补偿工期和费用损失的责任。为此，监理工程师应事先检查工程施工所需的场地征用，以及道路和水、电是否开通；否则，应督促促建设单位努力实现。

总监理工程师对与拟开工工程有关的现场各项施工准备工作进行检查并认为合格后，方可发布书面的开工指令。对于已停工程，则需有总监理工程师的复工指令方能复工。对于合同中所列工程及工程变更的项目，开工前承包单位必须提交《工程开工报审表》，经监理工程师审查前述各方面条件具备并由总监理工程予以批准后，承包单位才能开始进行正式施工。

（八）监理组织内部的监控准备工作

建立并完善项目监理机构的质量监控体系，做好监控准备工作，使之能适应工程项目质量监控的需要，这是监理工程师做好质量控制的基础工作之一。例如针对分部、分项工程的施工特点拟定监理实施细则，配备相应人员，明确分工及职责，配备所需的检测仪器设备并使之处于良好的可用状态，熟悉有关的检测方法和规程等。

第三节　工程施工过程的质量控制

【示例 4-4】

杭州某工地发生支模架和正在浇筑的房屋板坍塌事故案

2003 年 2 月 18 日，某公司研发生产中心工地在施工过程中发生支模架和正在浇筑的房屋板坍塌事故，导致 13 人死亡、16 人受伤。该工程位于杭州高新技术开发区，由某公司和某设计研究院联合设计，由某建设监理公司监理。工程总承包单位为某建设集团有限公司。该工程于 2002 年 4 月 20 日报审设计图纸，2002 年 4 月 22 日取得施工许可证。杭州高新技术开发区规划局于 2002 年 3 月 6 日同意该工程桩基先行施工。

经调查，造成此次事故的直接原因是支模质量低劣。管理上原因包括：

建设单位片面强调施工进度，而一些图纸的提供比较滞后，对施工单位违规有一定程度的影响，在没有领取施工许可的情况下先行组织施工，整个工程边设计边施工；

施工单位支模架搭设人员均没有特种作业人员上岗证，支模架搭设不规范。

施工单位没有对搭设支模架使用的钢管和扣件进行严格的质量检查，使用的钢管、扣件缺乏质量保证书和检测报告等有效的质量证明文件；

未按照浙江一建公司编制的工程施工组织设计的要求编制模板支架设计及书面施工方案，就布置搭设支模架；

监理单位对工程项目监理不力，选派不具备相应资格的人员从事现场监理活动，签署监理文件；

杭州高新技术开发区规划建设局在业主未办理施工许可证情况下，同意该工程桩基先行施工；在未办理施工质量与安全监督手续、施工图纸未经审查批准的情况下，发放施工许可证。对边设计、边施工、边办证相关审批手续的不规范行为没有加以制止。

事后，根据有关法律、法规的规定对建设单位、施工单位、工程监理单位和建设行政主管部门的相关责任人员或者单位进行了处罚。

由此可见施工过程的质量控制至关重要。

施工过程体现在一系列的作业活动中，作业活动的效果将直接影响到施工过程的施工质量。因此，工程质量控制工作应体现在对作业活动的控制上。

为确保施工质量，监理工程师要对施工过程进行全过程全方位的质量监督、控制与检查。就整个施工过程而言，可按事前、事中、事后进行控制。就一个具体作业而言，监理工程师控制管理仍涉及事前、事中及事后。监理工程师的质量控制主要围绕影响工程施工质量的因素进行。

一、作业技术准备状态的控制

所谓作业技术准备状态，是指各项施工准备工作在正式开展作业技术活动前，是否按预先计划的安排落实到位的状况，包括配置的人员、材料、机具、场所环境、通风、照明、安全设施等。做好作业技术准备状况的检查，有利于实际施工条件的落实，避免计划与实际两张皮，承诺与行动相脱离，在准备工作不到位的情况下贸然施工。作业技术准备状态的控制，应着重抓好以下环节的工作。

（一）质量控制点的设置

1. 质量控制点的概念。质量控制点是指为了保证作业过程质量而确定的重点控制对象、关键部位或薄弱环节。设置质量控制点是保证达到施工质量要求的必要前提，监理工程师在拟定质量控制工作计划时，应予以详细地考虑，并以制度来保证落实。对于质量控制点，一般要事先分析可能造成质量问题的原因，再针对原因制定对策和措施进行预控。

承包单位在工程施工前应根据施工过程质量控制的要求，列出质量控制点明细表，表中详细地列出各质量控制点的名称或控制内容、检验标准及方法等，提交监理工程师审查批准后，在此基础上实施质量预控。

2. 选择质量控制点的一般原则。可作为质量控制点的对象涉及面广，它可能是技术要求高、施工难度大的结构部位，也可能是影响质量的关键工序、操作或某一环节。总之，不论是结构部位、影响质量的关键工序、操作、施工顺序、技术、材料、机械、自然条件、施工环境等均可作为质量控制点来控制。概括地说，应当选择那些保证质量难度大的、对质量影响大的或者是发生质量问题时危害大的对象作为质量控制点。

（1）施工过程中的关键工序或环节以及隐蔽工程，例如预应力结构的张拉工序，钢筋混凝土结构中的钢筋架立；

（2）施工中的薄弱环节，或质量不稳定的工序、部位或对象，例如地下防水层施工；

（3）对后续工程施工或对后续工序质量或安全有重大影响的工序、部位或对象，例如预应力结构中的预应力钢筋质量、模板的支撑与固定等；

（4）采用新技术、新工艺、新材料的部位或环节；

（5）施工上无足够把握的、施工条件困难的或技术难度大的工序或环节，例如复杂曲线模板的放样等。

显然，是否设置为质量控制点，主要是视其对质量特性影响的大小、危害程度以及其质量保证的难度大小而定。表 4-5 为建筑工程质量控制点设置的一般位置示例。

质量控制点的设置位置表 表 4-5

分项工程	质 量 控 制 点
工程测量定位	标准轴线桩、水平桩、龙门板、定位轴线、标高
地基、基础（含设备基础）	基坑（槽）尺寸、标高、土质、基础、承载力，基础垫层标高，基础位置、尺寸、标高，预留洞孔、预埋件的位置、规格、数量，基础标高、杯底弹线
砌 体	砌体轴线，皮数杆，砂浆配合比，预留洞孔、预埋件位置、数量、砌块排列
模 板	位置、尺寸、标高，预埋件位置，预留洞孔尺寸、位置，模板强度及稳定性，模板内部清理及湿润情况
钢筋混凝土	水泥品种、强度等级、砂石质量，混凝土配合比，外加剂比例，混凝土振捣，钢筋品种、规格、尺寸、搭接长度，钢筋焊接，预留洞、孔及预埋件规格、数量、尺寸、位置，预制构件吊装或出场（脱模）强度，吊装位置、标高、支承强度、焊缝长度
吊 装	吊装设备起重能力、吊具、索具、地锚
钢结构	翻样图、放大样
焊 接	焊接条件、焊缝工艺
装 修	视具体情况而定

3. 作为质量控制点重点控制的对象

（1）人的行为。对某些作业或操作，应以人为重点进行控制。例如高空、高温、水下、危险作业等，对人的身体素质或心理应有相应的要求；技术难度大或精度要求高的作业，如复杂模板放样、精密、复杂的设备安装，以及重型构件吊装等对人的技术水平均有相应的较高要求。

（2）物的质量与性能。施工设备和材料是直接影响工程质量和安全的主要因素。对某些工程尤为重要，常作为控制的重点。例如基础的防渗灌浆，灌浆材料细度及可灌性，作业设备的质量、计量仪器的质量都是直接影响灌浆质量和效果的主要因素。

（3）关键的操作。如预应力钢筋的张拉工艺操作过程及张拉力的控制，是可靠地建立预应力值和保证预应力构件质量的关键过程。

（4）施工技术参数。例如对填方路堤进行压实时，对填土含水量等参数的控制是保证填方质量的关键；对于岩基水泥灌浆，灌浆压力和吃浆率是质量保证的关键；冬期施工混凝土受冻临界强度等技术参数是质量控制的重要指标。

（5）施工顺序。对于某些工作必须严格作业之间的顺序，例如对于冷拉钢筋应当先对焊、后冷拉，否则会失去冷强；对于屋架固定一般应采取对角同时施焊，以免焊接应力使已校正的屋架发生变位等。

（6）技术间歇。有些作业之间需要有必要的技术间歇时间，例如砖墙砌筑后与抹灰工序之间，以及抹灰与粉刷或喷涂之间，均应保证有足够的间歇时间；混凝土浇筑后至拆模之间也应保持一定的间歇时间；混凝土大坝坝体分块浇筑时，相邻浇筑块之间也必须保持足够的间歇时间等。

（7）新工艺、新技术、新材料的应用。由于缺乏经验，施工时可作为重点进行严格控制。

（8）产品质量不稳定、不合格率较高及易发生质量通病的工序应列为重点，仔细分析、严格控制。例如防水层的铺设，供水管道接头的渗漏等。

（9）易对工程质量产生重大影响的施工方法。例如，液压滑模施工中的支承杆失稳问题、升板法施工中提升差的控制等，都是一旦施工不当或控制不严，即可能引起重大质量事故问题，也应作为质量控制的重点。

（10）特殊地基或特种结构。如大孔隙湿陷性黄土、膨胀土等特殊土地基的处理、大跨度和超高结构等难度大的施工环节和重要部位等都应予以特别重视。

总之，质量控制点的选择要准确、有效。为此，一方面需要有经验的工程技术人员来进行选择，另一方面也要集思广益，集中群体智慧由有关人员充分讨论，在此基础上进行选择。选择时要根据对重要的质量特性进行重点控制的要求，选择质量控制的重点部位、重点工序和重点的质量因素作为质量控制点，进行重点控制和预控，这是进行质量控制的有效。

4. 质量预控对策的检查。所谓工程质量预控，就是针对所设置的质量控制点或分部、分项工程，事先分析施工中可能发生的质量问题和隐患，分析可能产生的原因，并提出相应的对策，采取有效的措施进行预先控制，以防在施工中发生质量问题。

质量预控及对策的表达方式主要有：文字表达；用表格形式表达；解析图形式表达。如：

（1）钢筋电焊焊接质量的预控——文字表达。列出可能产生的质量问题，以及拟定的质量预控措施。①可能产生的质量问题。焊接接头偏心弯折；焊条型号或规格不符合要求；焊缝的长、宽、厚度不符合要求；凹陷、焊瘤、裂纹、烧伤、咬边、气孔、夹渣等缺陷。②质量预控措施。根据对电焊钢筋质量上可能产生的质量问题的估计。分析产生上述电焊质量问题的重要原因，不外乎两个方面，一是施焊人员技术不良，二是焊条质量不符合要求。所以监理工程师可以有针对性地提出质量预控的措施如下：检查焊接人员有无上岗合格证明，禁止无证上岗，焊工正式开工前，必须按规定进行焊接工艺试验；每批钢筋焊完后，承包单位自检并按规定对焊接接头见证取样进行力学性能试验；在检查焊接质量时，应同时抽检焊条的型号。

（2）混凝土灌注桩质量预控——用表格形式表达。用简表形式分析其在施工中可能发生的主要质量问题和隐患，并针对各种可能发生的质量问题，提出相应的预控措施，见表4-6。

混凝土灌注桩质量预控表　　　　　　　　　　　　　表4-6

可能发生的质量问题	质 量 预 控 措 施
孔斜	督促承包单位在钻孔前对钻机认真整平
混凝土强度达不到要求	随时抽查原料质量；混凝土配合比经监理工程师审批确认；评定混凝土强度；按月向监理报送评定结果

续表

可能发生的质量问题	质 量 预 控 措 施
缩颈、堵管	督促承包单位每桩测定混凝土坍落度 2 次，每 30～50cm 测定一次混凝土浇筑高度，随时处理
断　桩	准备足够数量的混凝土供应机械（拌和机等），保证连续不断地灌注
钢筋笼上浮	掌握泥浆比重和灌注速度，灌注前做好钢筋笼固定

（3）混凝土工程质量预控及质量对策——用解析图的形式表示。用解析团的形式表示质量预控及措施对策是用两份图表表达的。

① 工程质量预控图。在该图中间按该分部工程的施工各阶段划分，即从准备工作至完工后质量验收与中间检查以及最后的资料整理；右侧列出各阶段所需进行的与质量控制有关的技术工作，用框图的方式分别与工作阶段相连接；左侧列出各阶段所需进行的与质量控制有关的管理工作要求。图 4-8 为一混凝土工程的质量预控图。

② 质量控制对策图。该图分为两部分，一部分是列出某一分部分项工程中各种影响质量的因素；另一部分是列出对应于各种质量问题影响因素所采取的对策或措施❶。图 4-9、图 4-10 为一混凝土工程的质量对策图。

（二）作业技术交底的控制

承包单位做好技术交底，是取得好的施工质量的条件之一。为此，每一分项工程开始实施前均要进行交底。作业技术交底是对施工组织设计或施工方案的具体化，是更细致、明确、更加具体的技术实施方案，是工序施工或分项工程施工的具体指导文件。为做好技术交底，项目经理部必须由主管技术人员编制技术交底书，并经项目总工程师批准。技术交底的内容包括施工方法、质量要求和验收标准，施工过程中需注意的问题，可能出现意外的措施及应急专案。技术交底要紧紧围绕与具体施工有关的操作者、机械设备、使用的材料、构配件、工艺、工法、施工环境、具体管理措施等方面进行，交底中要明确做什么、谁来做、如何做、作业标准和要求、什么时间完成等。

关键部位或技术难度大、施工复杂的检验批，分项工程施工前，承包单位的技术交底书（作业指导书）要报监理工程师。经监理工程师审查后，如技术交底书不能保证作业活动的质量要求，承包单位要进行修改补充。没有做好技术交底的工序或分项工程，不得进入正式实施。

（三）进场材料构配件的质量控制

1. 凡运到施工现场的原材料、半成品或构配件，进场前应向项目监理机构提交《工程材料/构配件/设备报审表》（表 4-7），同时附有产品出厂合格证及技术说明书，由施工承包单位按规定要求进行检验的检验报告或试验报告，经监理工程师审查并确认其质量合格后，方准进场。凡是没有产品出厂合格证明及检验不合格者，不得进场。如果监理工程师认为承包单位提交的有关产品合格证明的文件以及施工承包单位提交的检验和试验报告，仍不足以说明到场产品的质量符合要求时，监理工程师可以再行组织复检或见证取样

---

❶　资料来源：全国建设工程质量监督工程师培训教材编写委员会，全国建设工程质量监督工程师培训教材审定委员会．工程质量管理与控制（试行本）［M］．北京：中国建筑工业出版社，2001.

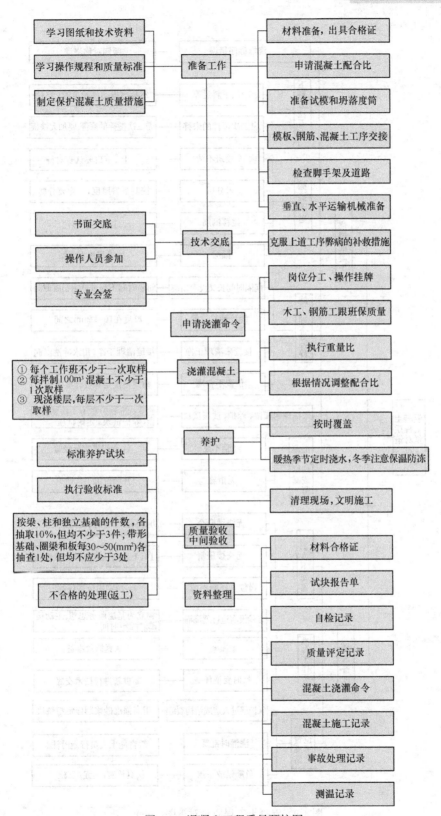

图 4-8 混凝土工程质量预控图

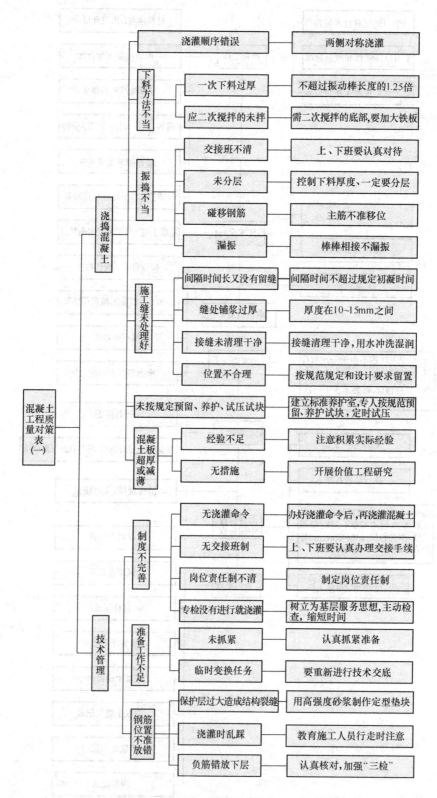

图 4-9　混凝土工程质量对策图（一）

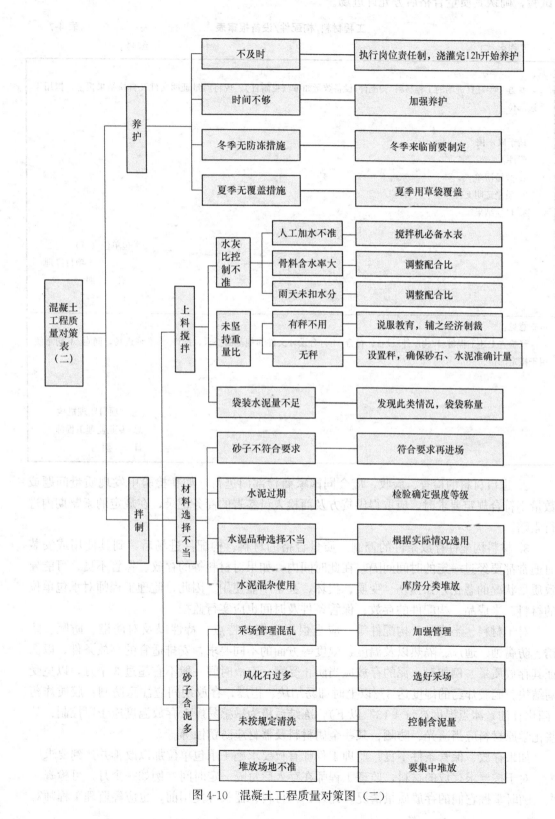

图 4-10 混凝土工程质量对策图（二）

试验，确认其质量合格后方允许进场。

工程材料/构配件/设备报审表　　　　　表 4-7

工程名称：　　　　　　　　　　　　　　　　　　　　　　编号：

致：
我方于年月日进场的工程材料/构配件/设备数量如下（见附件）。现将质量证明文件及自检结果报上，拟用于下述部位： 　　请予以审核 　　附件： 　　1. 数量清单 　　2. 质量证明文件 　　3. 自检结果 <div align="right">承包单位（章） 项目经理 日　　期</div>
审查意见： 　　经检查上述工程材料/构配件/设备，符合/不符合设计文件和规范的要求，准许/不准许进场，同意/不同意使用于拟定部位。 <div align="right">项目监理机构 总/专业监理工程师 日　　期</div>

2. 进口材料的检查、验收，应会同国家商检部门进行。如在检验中发现质量问题或数量不符合规定要求时，应取得供贷方及商检人员签署的商务记录，在规定的索赔期内进行索赔。

3. 材料构配件存放条件的控制。质量合格的材料、构配件进场后，到其使用或安装时通常都要经过一定的时间间隔。在此时间内，如果对材料等的存放、保管不良，可能导致质量状况的恶化，如损伤、变质、损坏，甚至不能使用。因此，监理工程师对承包单位的材料、半成品、构配件的存放、保管条件及时间也应实行监控。

对于材料、半成品、构配件等，应当根据它们的特点、特性以及对防潮、防晒、防锈、防腐蚀、通风、隔热以及温度、湿度等方面的不同要求，安排适宜的存放条件，以保证其存放质量。例如对水泥的存放应当防止受潮，存放时间一般不宜超过 3 个月，以免受潮结块；硝胺炸药的湿度达 3％以上时即易结块、拒爆，存放期间应注意防潮；胶质炸药（硝化甘油）冰点温度高（＋13℃以下），冻结后极为敏感易爆，存放温度应予以控制；某些化学原材料应当避光、防晒；某些金属材料及器材应防锈蚀等。

如果存放、保管条件不良，监理工程师有权要求施工承包单位加以改善并达到要求。

对于按要求存放的材料，监理工程师在存入后每隔一定时间（例如一个月）可检查一次，随时掌握它们的存放质量情况。此外，在材料、器材等使用前，也应经监理工程师对其质量再次检查确认后，方可允许使用；经检查质量不符合要求者（例如水泥存放时间超过规定期限或受潮结块、强度等级降低），则不准使用，或降低等级使用。

4. 对于某些当地材料及现场配制的制品，一般要求承包单位事先进行试验，达到要求的标准方准施工。除应达到规定的力学强度等指标外，还应注意以下方面的检验与控制。

（1）材料的化学成分。例如使用开采、加工的天然卵石或碎石作为混凝土粗骨料时，其内在的化学成分至关重要，因为如果其中含有无定形氧化硅（Na_2O，K_2O）量也较高（$>0.6\%$）时，混凝土中将发生化学反应生成碱－硅酸凝胶（碱-集料反应），并吸水膨胀，从而导致混凝土开裂。

（2）充分考虑到施工现场加工条件与设计、试验条件不同而可能导致的材料或半成品质量差异。例如某工程混凝土所用的砂是由当地的河砂，经过现场加工清洗后使用，按原设计的混凝土配合比进行混凝土试配，其单位体积重量指标值达不到设计要求的标准。究其原因，是由于现场清洗加工工艺条件使加工后的砂料组成发生了较大变化，其中细砂部分流失量较大，这与设计阶段进行室内配合比试验时所用的砂料组成成分有较大的差异，因而导致混凝土密度指标值达不到原设计要求。因此，就需要先找出原因，设法妥善解决后（例如调整配合比，改进加工工艺），经监理工程师认可才能允许进行施工。

（四）环境状态的控制

（1）施工作业环境的控制。所谓作业环境条件主要是指诸如水、电或动力供应、施工照明、安全防护设备、施工场地空间条件和通道，以及交通运输和道路条件等。这些条件是否良好，直接影响到施工能否顺利进行，以及施工质量。例如施工照明不良，会给要求精密度高的施工操作造成困难，施工质量不易保证；交通运输道路不畅，干扰、延误多，可能造成运输时间加长，运送的混凝土中拌和料质量发生变化（如水灰比、坍落度变化）；路面条件差，可能加重所运混凝土拌和料的离析，水泥浆流失等；此外，当同一个施工现场有多个承包单位或多个工种同时施工或平行立体交叉作业时，更应注意避免它们在空间上的相互干扰，影响效率及质量、安全。

所以，监理工程师应事先检查承包单位对施工作业环境条件方面的有关准备工作是否已做好安排和准备妥当；当确认其准备可靠、有效后，方准许其进行施工。

（2）施工质量管理环境的控制。施工质量管理环境主要是指施工承包单位的质量管理体系和质量控制自检系统是否处于良好的状态；系统的组织结构、管理制度、检测制度、检测标准、人员配备等方面是否完善和明确；质量责任制是否落实；监理工程师做好承包单位施工质量管理环境的检查，并督促其落实，是保证作业效果的重要前提。

（3）现场自然环境条件的控制。监理工程师应检查施工承包单位对于未来的施工期间自然环境条件可能出现对施工作业质量的不利影响时，是否事先已有充分的认识并已做好充足的准备和采取了有效措施与对策以保证工程质量。例如对严寒季节的防冻；夏季的防高温，高地下水位情况下基坑施工的排水或细砂地基防止流砂；施工场地的防洪与排水，风浪对水上打桩或沉箱施工质量影响的防范等。又如，深基础施工中主体建筑物完成后是否可能出现不正常的沉降，影响建筑的综合质量；现场因素对工程施工质量与安全的影响（例如邻近有易爆、有毒气体等危险源，或邻近高层、超高层时，深基础施工质量及安全保证难度大等），有无应对方案及有针对性的质量及安全的保证措施等。

（五）进场施工机械设备性能及工作状态的控制

保证施工现场作业机械设备的技术性能及工作状态，对施工质量又重要的影响。因此，监理工程师要做好现场控制工作。不断检查并督促承包单位，只有状态良好，性能满足施工需要的机械设备才允许进入现场作业。

（1）施工机械设备的进场检查。机械设备进场前，承包单位应向项目监理机构报送进场设备清单，列出进场机械设备的型号、规格、数量、技术性能（技术参数）、设备状况、进场时间。

机械设备进场后，监理工程师根据承包单位报送的清单进行现场核对，是否和施工组织设计中所列的内容相符。

（2）机械设备工作状态的检查。监理工程师应审查作业机械的使用、保养记录，检查其工作状况；重要的工程机械，如大马力推土机、大型凿岩设备、路基碾压设备等，应在现场实际复验（如开动，行走等）。以保证投入作业的机械设备状态良好。

监理工程师还应经常了解施工作业中机械设备的工作状况，防止带病运行。发现问题，指令承包单位及时修理，以保持良好的作业状态。

（3）特殊设备安全运行的审核。对于现场使用的塔吊及有特殊安全要求的设备，进入现场后在使用前，必须经当地劳动安全部门鉴定，符合要求并办好相关手续后方允许承包单位投入使用。

（4）大型临时设备的检查。在跨越大江大河的桥梁施工中，经常会涉及承包单位在现场组装的大型临时设备，如轨道式龙门吊机、悬灌施工中的挂篮、架梁吊机、用索塔架、缆索吊机等。这些设备使用前，承包单位必须取得本单位上级安全主管部门的审查批准，办好相关手续后，监理工程师方可批准投入使用。

（六）施工测量及计量器具性能、精度的控制

1. 试验室。工程项目中，承包单位应建立试验室。如确因条件限制，不能建立试验室，则应委托具有相应资质的专门试验室。

如是新建的试验室，应按国家有关规定，经计量主管部门进行认证，取得相应资质；如是本单位中心试验室的派出部分，则应有中心试验室的正式委托书。

2. 监理工程师对试验室的检查

（1）工程作业开始前，承包单位应向项目监理机构报送试验室（或外委试验室）的资质证明文件，列出本试验室所展开的试验、检测项目、主要仪器、设备，法定计量部门对计量器具的标定证明文件；试验检测人员上岗资质证明；试验室管理制度等。

（2）监理工程师的实地检查。监理工程师应检查试验室资质证明文件、试验设备、检测仪器能否满足工程质量检查要求，是否处于良好的可用状态；精度是否符合需要；法定计量部门标定资料，合格证、率定表是否在标定的有效期内；试验室管理制度是否齐全、符合实际；试验、检测人员的上岗资质等。经检查，确认能满足工程质量检验要求，则予以批准，同意使用，否则，承包单位应进一步完善、补充，在没得到监理工程师同意之前，试验室不得使用。

3. 工地测量仪器的检查。施工测量开始前，承包单位应向项目监理机构提交测量仪器的型号、技术指标、精度等级、法定计量部门的标定证明、测量工的上岗证明，监理工程师审核确认后，方可进行正式测量作业。在作业过程中监理工程师也应经常检查了解计

量仪器、测量设备的性能、精度状况，使其处于良好的状态之中。

（七）施工现场劳动组织及作业人员上岗资格的控制

1.现场劳动组织的控制。劳动组织涉及从事作业活动的操作者及管理者，以及相应的各种制度。

（1）操作人员。从事作业活动的操作者数量必须满足作业活动的需要，相应工种配置能保证作业有序持续进行，不能因人员数量及工种配置不合理而造成停顿。

（2）管理人员到位。作业活动的直接负责人（包括技术负责人）、专职质检人员、安全员、与作业活动有关的测量人员、材料员、试验员必须在岗。

（3）相关制度要健全。如管理层及作业层各类人员的岗位职责；作业活动现场的安全、消防规定；作业活动中环保规定；试验室及现场试验检测的有关规定，紧急情况的应急处理规定等。同时要有相应措施及手段以保证制度、规定的落实和执行。

2.作业人员上岗资格。从事特殊作业的人员（如电焊工、电工、起重工、架子工、爆破工），必须持证上岗。对此监理工程师要进行检查与核实。

二、作业技术活动运行过程的控制

工程施工质量是在施工过程中形成的，而不是最后检验出来的；施工过程由一系列相互联系与制约的作业活动所构成，因此，保证作业活动的效果与质量是施工过程质量控制的基础。

（一）承包单位自检与专检工作的监控

1.承包单位的自检系统。承包单位是施工质量的直接实施者和责任者。监理工程师的质量监督与控制就是使承包单位建立起完善的质量自检体系并运转有效。承包单位的自检体系表现在以下几方面：

（1）作业活动的作业者在作业结束后必须自检；

（2）不同工序交接、转换必须由相关人员交接检查；

（3）承包单位专职质检员的专检。

为实现上述三方面，承包单位必须有整套的制度及工作程序；具有相应的试验设备及检测仪器，配备数量满足需要的专职质检人员及试验检测人员。

2.监理工程师的检查。监理工程师的质量检查与验收，是对承包单位作业活动质量的复核与确认，监理工程师的检查决不能代替承包单位的自检，而且，监理工程师的检查必须是在承包单位自检并确认合格的基础上进行的。专职质检员没检查或检查不合格不能报监理工程师，不符合上述规定，监理工程师一律拒绝进行检查。

（二）技术复核工作监控

凡涉及施工作业技术活动基准和依据的技术工作，都应该严格进行专人负责的复核性检查，以避免基准失误给整个工程质量带来难以补救的或全局性的危害。例如工程的定位、轴线、标高，预留孔洞的位置和尺才，预埋件，管线的坡度，混凝土配合比，变电、配电位置，高低压进出口方向、送电方向等。技术复核是承包单位应履行的技术工作责任，其复核结果应报送监理工程师复验确认后，才能进行后续相关的施工。监理工程师应把技术复验工作列入监理规划及质量控制计划中，并看作是一项经常性的工作任务，贯穿于整个施工过程中。常见的施工测量复核有：

（1）民用建筑的测量复核。建筑物定位测量、基础施工测量、墙体皮数杆检测、楼层轴线检测、楼层间高层传递检测等。

（2）工业建筑测量复核。厂房控制网测量、桩基施工测量、柱模轴线与高程检测、厂房结构安装定位检测、动力设备基础与预理螺栓检测。

（3）高层建筑测量复核。建筑场地控制测量、基础以上的平面与高程控制、建筑物中垂准检测、建筑物施工过程中沉降变形观测等。

（4）管线工程测量复核。管网或输配电线路定位测量、地下管线施工检测、架空管线施工检测、多管线交汇点高程检测等。

（三）见证取样送检工作的监控

见证是指由监理工程师现场监督承包单位某工序全过程完成情况的活动。见证取样则是指对工程项目使用的材料、半成品、构配件的现场取样、工序活动效果的检查实施见证。

为确保工程质量，住房和城乡建设部规定，在市政工程及房屋建筑工程项目中，对工程材料、承重结构的混凝土试块，承重墙体的砂浆试块、结构工程的受力钢筋（包括接头）实行见证取样。

1. 见证取样的工作程序

（1）工程项目施工开始前，项目监理机构要督促承包单位尽快落实见证取样的送检试验室。对于承包单位提出的试验室，监理工程师要进行实地考察。试验室一般是和承包单位没有行政隶属关系的第三方。试验室要具有相应的资质，经国家或地方计量、试验主管部门认证，试验项目满足工程需要，试验室出具的报告对外具有法定效果。

（2）项目监理机构要将选定的试验室到负责本项目的质量监督机构备案并得到认可，同时要将项目监理机构中负责见证取样的监理工程师在该质量监督机构备案。

（3）承包单位在对进场材料、试块、试件、钢筋接头等实施见证取样前要通知负责见证取样的监理工程师，在该监理工程师现场监督下，承包单位按相关规范的要求，完成材料、试块、试件等的取样过程。

（4）完成取样后，承包单位将送检样品装入木箱，由监理工程师加封，不能装入箱中的试件，如钢筋样品、钢筋接头，则贴上专用加封标志，然后送往试验室。

2. 实施见证取样的要求

（1）试验室要具有相应的资质并进行备案、认可。

（2）负责见证取样的监理工程师要具有材料、试验等方面的专业知识，且要取得从事监理工作的上岗资格（一般由专业监理工程师负责从事此项工作）。

（3）承包单位从事取样的人员一般应是试验室人员，或专职质检人员担任。

（4）送往试验室的样品，要填写"送验单"，送验单要盖有"见证取样"专用章，并有见证取样监理工程师的签字。

（5）试验室出具的报告一式两份，分别由承包单位和项目监理机构保存，并作为归档材料，是工序产品质量评定的重要依据。

（6）见证取样的频率，国家或地方主管部门有规定的，执行相关规定；施工承包合同中如有明确规定的，执行施工承包合同的规定。见证取样的频率和数量，包括在承包单位自检范围内，一般所占比例为30%。

（7）见证取样的试验费用由承包单位支付。

（8）实行见证取样，绝不能代替承包单位应对材料、构配件进场时必须进行的自检。自检频率和数量要按相关规范要求执行。

（四）工程变更的监控

施工过程中，由于前期勘察设计的原因，或由于外界自然条件的变化，未探明的地下障碍物、管线、文物、地质条件不符等，以及施工工艺方面的限制、建设单位要求的改变，均会涉及工程变更。做好工程变更的控制工作，也是作业过程质量控制的一项重要内容。

工程变更的要求可能来自建设单位、设计单位或施工承包单位。为确保工程质量，不同情况下，工程变更的实施，设计图纸的澄清、修改，具有不同的工作程序。

1. 施工承包单位的要求及处理。在施工过程中承包单位提出的工程变更要求可能是要求作某些技术修改或要求作设计变更。

（1）对技术修改要求的处理。所谓技术修改，这里是指承包单位根据施工现场具体条件和自身的技术、经验和施工设备等条件，在不改变原设计图纸和技术文件的原则前提下，提出的对设计图纸和技术文件的某些技术上的修改要求。例如对某种规格的钢筋采用替代规格的钢筋、对基坑开挖边坡的修改等。

承包单位提出技术修改的要求时，应向项目监理机构提交《工程变更单》（表 4-8），在该表中应说明要求修改的内容及原因或理由，并附图和有关文件。

工程变更单　　　　　　　　　　　　　　　　　　　表 4-8

工程名称：　　　　　　　　　　　　　　　　　　　　　　　　　编号：

致： 由于原因，兹提出工程变更（内容见附件），请予以审批。 附件：   　　　　　　　　　　　　　　　　　　　　　　　　　　　　提出单位 　　　　　　　　　　　　　　　　　　　　　　　　　　　　代表人 　　　　　　　　　　　　　　　　　　　　　　　　　　　　日　　期
一致意见：   建设单位代表　　　　承包单位代表　　　　项目监理机构　　　　设计单位代表 签字：　　　　　　　签字：　　　　　　　签字：　　　　　　　签字： 日期　　　　　　　　日期　　　　　　　　日期　　　　　　　　日期

技术修改问题一般可以由专业监理工程师组织承包单位和现场设计代表参加，经各方同意后签字并形成纪要，作为工程变更单附件，经总监理工程师批准后实施。

（2）工程变更的要求。这种变更是指施工期间，对于设计单位在设计图纸和设计文件中所表达的设计标准状态的改变和修改。

首先，承包单位应就要求变更的问题填写《工程变更单》，送交项目监理机构。总监理工程师根据承包单位的申请，经与设计、建设、承包单位研究并作出变更的决定后，签发《工程变更单》，并应附有设计单位提出的变更设计图纸。承包单位签收后按变更后的图纸施工。

总监理工程师在签发《工程变更单》之前，应就工程变更引起工期改变及费用的增减分别与建设单位和承包单位进行协商，力求达成双方均能同意的结果。

这种变更，一般均会涉及设计单位重新出图的问题。

如果变更涉及结构主体及安全，该工程变更还要按有关规定报送施工图原审查单位进行审批，否则变更不能实施。

2. 设计单位提出变更的处理

（1）设计单位首先将"设计变更通知"及有关附件报送建设单位。

（2）建设单位会同监理、施工承包单位对设计单位提交的"设计变更通知"进行研究，必要时设计单位尚需提供进一步的资料，以便对变更做出决定。

（3）总监理工程师签发《工程变更单》，并将设计单位发出的"设计变更通知"作为该《工程变更单》的附件，施工承包单位按新的变更图实施。

3. 建设单位（监理工程师）要求变更的处理

（1）建设单位（监理工程）将变更的要求通知设计单位（表4-8），如果在要求中包括有相应的方案或建议，则应一并报送设计单位；否则，变更要求由设计单位研究解决。在提供审查的变更要求中，应列出所有受该变更影响的图纸、文件清单。

（2）设计单位对《工程变更单》进行研究。如果在"变更要求"中附有建议或解决方案时，设计单位应对建议或解决方案的所有技术方面进行审查，并确定它们是否符合设计要求和实际情况，然后书面通知建设单位，说明设计单位对该解决方案的意见，并将与该修改变更有关的图纸、文件清单返回给建设单位，说明自己的意见。

如果该《工程变更单》未附有建议的解决方案，则设计单位应对该要求进行详细的研究，并准备出自己对该变更的建议方案，提交建设单位。

（3）根据建设单位的授权，监理工程师研究设计单位所提交的建议设计变更方案或其对变更要求所附方案的意见，必要时合同有关的承包单位和设计单位一起进行研究，也可进一步提供资料，以便对变更做出决定。

（4）建设单位做出变更改的决定后由总监理工程师签发《工程变更单》，指示承包单位按变更的决定组织实施。

应当指出的是，监理工程师对于无论哪一方提出的现场工程变更要求，都应持十分谨慎的态度。除非是原设计不能保证质量要求，或确有错误，以及无法施工或非改不可之外、一般情况下即使变更要求可能在技术经济上是合理的，也应全面考虑，将变更以后所产生的效益（质量、工期、造价）与现场变更往往会引起承包单位的索赔等所产生的损失加以比较，权衡轻重后再做出决定。因为往往这种变更并不一定能达到预期的愿望和效果。

需注意的是在工程施工过程中，无论是建设单位或者施工及设计单位提出的工程变更或图纸修改，都应通过监理工程师审查并经有关方面研究，确认其必要性后，由总监理工程师发布变更指令方能生效予以实施。

（五）见证点的实施控制

"见证点"（Witness Point）是国际上对于重要程度不同及监督控制要求不同的质量控制点的一种区分方式。实际上它是质量控制点，只是由于它的重要性或其质量后果影响程度不同于一般质量控制点，所以在实施监督控制时的运作和监督要求与一般质量控制点有区别。

1. 见证点的概念。见证点监督，也称为 W 点监督。凡是列为见证点的质量控制对象，在规定的关键工序施工前，承包单位应提前通知监理人员在约定的时间内到现场进行见证和对其施工实施监督。如果监理人员未能在约定的时间内到现场见证和监督，则承包单位有权进行该 W 点的相应的工序操作和施工。

2. 见证点的监理实施程序

（1）承包单位应在某见证点施工之前一定时间，例如 24h 前，书面通知监理工程师。说明该见证点准备施工的日期与时间，请监理人员届时到达现场进行见证和监督。

（2）监理工程师收到通知后，应注明收到该通知的日期并签字。

（3）监理工程师应按规定的时间到现场见证。对该见证点的实施过程进行认真的监督、检查，并在见证表上详细记录该项工作所在的建筑物部位、工作内容、数量、质量及工时等后签字，作为凭证。

（4）如果监理人员在规定的时间不能到场见证，承包单位可以认为已获监理工程师默认，可有权进行该项施工。

（5）如果在此之前监理人员已到过现场检查，并将有关意见写在"施工记录"上，则承包单位应在该意见旁写明承包单位根据该意见已采取的改进措施，或者写明承包单位的某些具体意见。

在实际工程实施质量控制时，通常是由施工承包单位在分项工程施工前制定施工计划时，就选定设置质量控制点，并在相应的质量计划中再进一步明确哪些是见证点。承包单位应将该施工计划及质量计划提交监理工程师审批。如监理工程师对上述计划及见证点的设置有不同的意见，应书面通知承包单位，要求予以修改，修改后再上报监理工程师审批后执行。

（六）级配管理质量监控

建设工程中，均会涉及材料的级配，不同材料的混合拌制。如混凝土工程中，砂、石骨料本身的组分级配，混凝土拌制的配合比；交通工程中路基填料的级配、配合及拌制；路面工程中沥青摊铺料的级配配比。由于不同原材料的级配，配合及拌制后的产品对最终工程质量有重要的影响。因此，监理工程师要做好相关的质量控制工作。

1. 拌和原材料的质量控制。使用的原材料除材料本身质量要符合规定要求外，材料本身的级配也必须符合相关规定。如粗骨料的粒径级配，细集料的级配曲线要在规定的范围内。

2. 材料配合比的审查。根据设计要求，承包单位首先进行理论配合比设计，进行试配试验后，确认 2～3 个能满足要求的理论配合比提交监理工程师审查。报送的理论配合比必须附有原材料的质量证明资料（现场复验及见证取样试验报告）、现场试块抗压强度报告及其他必须的资料。

监理工程师经审查后确认其符合设计及相关规范的要求后，予以批准。以混凝土配合比审查为例，应重点审查水泥品种，水泥最大用量；粉煤灰渗入量，水灰比，坍落度，配制强度，使用的外加剂、砂的细度模数、粗骨料的最大粒径限制等。

3. 现场作业的质量控制

（1）拌和设备状态及相关拌和料计量装置，称重衡器的检查。

（2）投入使用的原材料（如水泥、砂、外加剂、水、粉煤灰、粗骨料）的现场检查。是否与批准的配合比一致。

（3）现场作业实际配合比是否符合理论配合比。作业条件发生变化是否及时进行了调整。例如混凝土工程中，雨后开盘生产混凝土，砂的含水率发生了变化，对水灰比是否及时进行调整等。

（4）对现场所做的调整应按技术复核的要求和程序执行。

（5）在现场实际投料拌制时，应做好看板管理。

（七）计量工作质量控制

计量是施工作业过程的基础工作之一，计量作业效果对施工质量有重大影响。监理工程师对计量工作的质量监控包括以下内容：

（1）施工过程中使用的计量仪器、检测设备、称重衡器的质量控制。

（2）从事计量作业人员技术水平资格的审核，尤其是现场从事施工测量的测量工，从事试验、检测的试验工。

（3）现场计量操作的质量控制。作业者的实际作业质量直接影响到作业效果，计量作业现场的质量控制主要是检查其操作方法是否得当。如对仪器的使用，数据的判断，数据的处理及整理方法，以及对原始数据的检查。如检查测量司镜手的测量手簿，检查试验的原始数据，检查现场检测的原始记录等。在抽样检测中，现场检测取点、检测仪器的布置是否正确、合理。检测部位是否有代表性，能否反映真实的质量状况，也是审核的内容，如路基压实度检查中，如果检查点只在路基中部选取，就不能如实反映实际，而必须在路肩、路基中部均有检测点。

（八）质量记录资料的监控

质量资料是施工承包单位进行工程施工或安装期间，实施质量控制活动的记录，还包括监理工程师对这些质量控制活动的意见及施工承包单位对这些意见的答复，它详细地记录了工程施工阶段质量控制活动的全过程。因此，它不仅在工程施工期间对工程质量上午控制有重要作用，而且在工程竣工和投入运行后，对于查询和了解工程建设的质量情况以及工程维修和管理也能提供大量有用的资料和信息。

质量记录资料包括以下三方面内容：

（1）施工现场质量管理检查记录资料。主要包括承包单位现场质量管理制度，质量责任制；主要专业工种操作上岗证书；分包单位资质及总包单位对分包单位的管理制度；施工图审查核对资料（记录），地质勘察资料；施工组织设计、施工方案及审批记录；施工技术标准；工程质量检验制度；混凝土搅拌站（级配填料拌和站）及计量设置；现场材料、设备存放与管理等。

（2）工程材料质量记录。主要包括进场工程材料、半成品、构配件、设备的质量证明资料；各种试验检验报告（如力学性能试验、化学成分试验、材料级配试验等）；各种合格证；设备进场维修记录或设备进场运行检验记录。

（3）施工过程作业活动质量记录资料。施工或安装过程可按分项、分部、单位工程建立相应的质量记录资料。在相应质量记录资料中应包含有关图纸的图号、设计要求；质量自检资料；监理工程师的验收资料；各工序作业的原始施工记录；检测及试验报告；材料、设备质量资料的编号、存放档案卷号；此外，质量记录资料还应包括不合格项的报告、通知以及处理及检查验收资料等。

质量记录资料应在工程施工或安装开始前，由监理工程师和承包单位一起，根据建设单位的要求及工程竣工验收资料组卷归档的有关规定，研究列出各施工对象的质量资料清单。以后，随着工程施工的进展，承包单位应不断补充和填写关于材料、构配件及施工作业活动的有关内容，记录新的情况。当每一阶段（如检验批，一个分项或分部工程）施工或安装工作完成后，相应的质量记录资料也应随之完成，并整理组卷。

施工质量记录资料应真实、齐全、完整，相关各方人员的签字齐备、字迹清楚、结论明确，与施工过程的进展同步。在对作业活动效果的验收中，如缺少资料或资料不全，监理工程师应拒绝验收。

（九）工地例会的管理

工地例会是施工过程中参加建设项目各方的沟通情况，解决分歧，达成共识的主要渠道，也是监理工程师进行现场质量控制的重要场所。

通过工地例会，监理工程师检查分析施工过程的质量状况，指出存在的问题，承包单位提出整改的措施，并作出相应的保证。

由于参加工地例会的人员较多，层次也较高，会上容易就问题的解决达成共识。

除了例行的工地例会外，针对某些专门质量问题，监理工程师还应组织专题会议，集中解决较重大或普遍存在的问题。实践表明采用这样的方式比较容易解决问题，使质量状况得到改善。

为开好工地例会及质量专题会议，监理工程师要充分了解情况，判断要准确，决策要正确。此外，要讲究方法，协调处理各种矛盾，不断提高会议质量，使工地例会真正起到解决质量问题的作用。

（十）停、复工令的实施

1. 工程暂停指令的下达。为了确保作业质量，根据委托监理合同中建设单位对监理工程师的授权，出现下列情况需要停工处理时，应下达停工指令：

（1）施工作业活动存在重大隐患，可能造成质量事故或已经造成质量事故。

（2）承包单位未经许可擅自施工或拒绝项目监理机构管理。

（3）在出现下列情况下，总监理工程师有权行使质量控制权，下达停工令，及时进行质量控制。

① 施工中出现质量异常情况，经提出后，承包单位未采取有效措施，或措施不力未能扭转异常情况者。

② 隐蔽作业未经依法查验确认合格，而擅自封闭者。

③ 已发生质量问题迟迟未按监理工程师要求进行处理，或者是已发生质量缺陷或问题，如不停工则质量缺陷或问题将继续发展的情况下。

④ 未经监理工程师审查同意，而擅自变更设计或修改图纸进行施工者。

⑤ 未经技术资质审查的人员或不合格人员进入现场施工。

⑥ 使用的原材料、构配件不合格或未经检查确认者；或擅自采用未经审查认可的代用材料者。

⑦ 擅自使用未经项目监理机构审查认可的分包单位进场施工。

总监理工程师在签发工程暂停令时，应根据停工原因的影响范围和影响程度，确定工程项目停工范围。

2. 恢复施工指令的下达。承包单位经过整改具备恢复施工条件时，承包单位向项目监理机构报送复工申请及有关材料，证明造成停工的原因已消失。经监理工程师现场复查，认为已符合继续施工的条件，造成停工的原因确已消失，总监理工程师应及时签署工程复工报审表，指令承包单位继续施工。

3. 总监下达停工令及复工指令，宜事先向建设单位报告。

三、作业技术活动结果的控制

（一）作业技术活动结果的控制内容

作业活动结果，泛指作业工序的产出品、分项分部工程的已完施工及已完准备交验的单位工程等。

作业技术活动结果的控制是施工过程中间产品及最终产品质量控制的方式，只有作业活动的中间产品质量都符合要求，才能保证最终单位工程产品的质量，主要内容有：

1. 基槽（基坑）验收。基槽开挖是基础施工中的一项内容，由于其质量状况对后续工程质量影响大，故均作为一个关键工序或一个检验批进行质量验收。基槽开挖质量验收主要涉及地基承载力的检查确认；地质条件的检查确认；开挖边坡的稳定及支护状况的检查确认。由于部位的重要，基槽开挖验收均要有勘察设计单位的有关人员参加，并请当地或主管质量监督部门参加，经现场检查、测试（或平行检测），确认其地基承载力是否达到设计要求，地质条件是否与设计相符。如相符，则共同签署验收资料，如达不到设计要求或与勘察设计资料不符，则应采取措施进一步处理或工程变更，由原设计单位提出处理方案，经承包单位实施完毕后重新验收。

2. 隐蔽工程验收。隐蔽工程是指将被其后工程施工所除蔽的分项、分部工程，在隐蔽前所进行的检查验收。它是对一些已完分项、分部工程质量的最后一道检查，由于检查对象就要被其他工程覆盖，给以后的检查整改造成障碍，故显得尤为重要，它是质量控制的一个关键过程。

（1）工作程序：

① 隐蔽工程施工完毕，承包单位按有关技术规程、规范、施工图纸先进行自检，自检合格后，填写《报验申请表》，附上相应的工程检查证（或隐蔽工程检查记录）及有关材料证明、试验报告、复试报告等，报送项目监理机构。

② 监理工程师收到报验申请后首先对质量证明资料进行审查，并在合同规定的时间内到现场检查（检测或核查），承包单位的专职质检员及相关施工人员应随同一起到现场

③ 经现场检查，如符合质量要求，监理工程师在《报验申请表》及工程检查证（或

隐蔽工程检查记录）上签字确认，准予承包单位隐蔽、覆盖，进入下一道工序施工。

如经现场检查发现不合格，监理工程师签发"不合格项目通知"，指令承包单位整改，整改后自检合格再报监理工程师复查。

（2）隐蔽工程检查验收的质量控制要点。以工业及民用建筑为例，下述工程部位进行隐蔽检查时必须重点控制，防止出现质量隐患。

① 基础施工前对地基质量的检查，尤其要检测地基承载力；

② 基坑回填土前对基础质量的检查；

③ 混凝土浇筑前对钢筋的检查（包括模板检查）；

④ 混凝土墙体施工前．对敷设在墙内的电线管质量检查；

⑤ 防水层施工前对基层质量的检查；

⑥ 建筑幕墙施工挂板之前对龙骨系统的检查；

⑦ 屋面板与屋架（梁）埋件的焊接检查；

⑧ 避雷引下线及接地引下线的连接；

⑨ 覆盖前对直埋于楼地面的电缆、封闭前对敷设于暗井道、吊顶、楼板垫层内的设备管道；

⑩ 易出现质量通病的部位。

（3）作为示例，以下介绍钢筋隐蔽工程验收要点：

①按施工图核查绑扎成型的钢筋骨架，检查钢筋品种、直径、数量、间距、形状；

②骨架外形尺寸，其偏差是否超过规定；检查保护层厚度，构造筋是否符合构造要求；

③锚固长度，箍筋加密区及加密间距；

④检查钢筋接头。如是绑扎搭接，要检查搭接长度，接头位置和数量（错开长度、接头百分率）；焊接接头或机械连接，要检查外观质量，取样试件力学性能试验是否达到要求，接头位置（相互错开）数量（接头百分率）。

3. 工序交接验收。工序是指作业活动中一种必要的技术停顿。作业方式的转换及作业活动效果的中间确认。上道工序应满足下道工序的施工条件和要求。对相关专业工序之间也是如此，通过工序间的交接验收，使各工序间和相关专业工程之间形成一个有机整体。

4. 检验批、分项工程、分部工程的验收。检验批的质量应按主控项目和一般项目验收。

检验批（分项、分部工程）完成后，承包单位应首先自行检查验收，确认符合设计文件、相关验收规范的规定，然后向监理工程师提交申请。由监理工程师予以检查、确认。监理工程师按合同文件的要求。根据施工图纸及有关文件、规范、标准等，从外观、几何尺寸、质量控制资料以及内在质量等方面进行检查、审核。如确认其质量符合要求，则予以确认验收。如有质量问题则指令承包单位进行处理，待质量合乎要求后再予以检查验收。对涉及结构安全和使用功能的重要分部工程应进行抽样检测。

5. 单位工程或整个工程项目的竣工验收。在一个单位工程完工后或整个工程项目完成后，施工承包单位应先进行竣工自校，自检合格后，向项目监理机构提交《工程竣工报验单》（表4-9），总监理工程师组织专业监理工程师进行竣工初验，其主要工作包括以下几方面：

工程竣工报验单

表 4-9

工程名称：　　　　　　　　　　　　　　　　　　　　　　　　　　　编号：

致： 　　我方以按合同要求完成了工程，经自检合格，请予以检查和验收。 　　附件：   <div align="right">承包单位（章） 项目经理 日　期</div>
审查意见： 　　经初步验收，该工程 　　1. 符合/不符合我国现行法律、法规要求； 　　2. 符合/不符合我国现行工程建设标准； 　　3. 符合/不符合设计文件要求； 　　4. 符合/不符合施工合同要求。 　　综上所述，该工程初步验收合格/不合格，可以/不可以组织正式验收。   <div align="right">项目监理机构 总监理工程师 日　期</div>

　　（1）审查施工承包单位提交的竣工验收所需的文件资料，包括各种质量控制资料、试验报告以及各种有关的技术性文件等。若所提交的验收文件、资料不齐全或有相互矛盾和不符之处．应指令承包单位补充、核实及改正。

　　（2）审核承包单位提交的竣工图，并与已完工程、有关的技术文件（如设计图纸、工程变更文件、施工记录及其他文件）对照进行核查。

　　（3）总监理工程师组织专业监理工程师对拟验收工程项目的现场进行检查，如发现质量问题应指令承包单位进行处理。

　　（4）对拟验收项目初验合格后，总监理工程师对承包单位的《工程竣工报验单》予以签认，并上报建设单位。同时提出"工程质量评估报告"。"工程质量评估报告"是工程验收中的重要资料，它由项目总监理工程师和监理单位技术负责人签署。主要包括以下主要内容：

　　① 工程项目建设概况介绍，参加各方的单位名称、负责人；

　　② 工程检验批、分项、分部、单位工程的划分情况；

　　③ 工程质量验收标准，各检验批、分项、分部工程质量验收情况；

　　④ 地基与基础分部工程中，涉及桩基工程的质量检测结论，基槽承载力检测结论；

涉及结构安全及使用功能的检测结论；建筑物沉降观测资料；

⑤ 施工过程中出现的质量事故及处理情况，验收结论；

⑥ 结论。本工程项目（单位工程）是否达到合同约定；是否满足设计文件要求；是否符合国家强制性标准及条款的规定。

（5）参加建设单位组织的正式竣工验收。

6. 不合格的处理。上道工序不合格，不准进入下道工序施工，不合格的材料、构配件、半成品不准进入施工现场且不允许使用，已经进场的不合格品应及时做出标识、记录，指定专人看管，避免用错，并限期清除出现场；不合格的工序或工程产品，不予计价。

7. 成品保护

（1）成品保护的要求。所谓成品保护一般是指在施工过程中，有些分项工程已经完成，而其他一些分项工程尚在施工；或者是在其分项工程施工过程中，某些部位已完成，而其他部位正在施工。在这种情况下，承包单位必须负责对已完成部分采取妥善措施予以保护，以免因成品缺乏保护或保护不善而造成操作损坏或污染，影响工程整体质量。因此，监理工程师应对承包单位所承担的成品保护工作的质量与效果进行经常性的检查。对承包单位进行成品保护的基本要求是：在承包单位向建设单位提出其工程竣工验收申请或向监理工程师提出分部、分项工程的中间验收时，其提请验收工程的所有组成部分均应符合与达到合同文件规定的或施工图纸等技术文件所要求的质量标准。

（2）成品保护的一般措施。根据需要保护的建筑产品的特点不同，可以分别对成品采取"防护"、"覆盖"、"封闭"等保护措施，以及合理安排施工顺序来达到保护成品的目的。具体如下所述：

① 防护。就是针对被保护对象的特点采取各种防护的措施。例如对清水楼梯踏步，可以采取护棱角铁上下连接固定；对于进出口台阶可垫砖或方木搭脚手板供人通过的方法来保护台阶；对于门口易碰部位，可以钉上防护条或槽型盖铁保护；门扇安装后可加楔固定等。

② 包裹。就是将被保护物包裹起来，以防损伤或污染。例如对镶面大理石柱可用立板包裹捆扎保护；铝合金门窗可用塑料布包扎保护等。

③ 盖。就是用表面覆盖的办法防止堵塞或损伤。例如对地漏、落水口排水管等安装后可以覆盖，以防止异物落入而被堵塞；预制水磨石或大理石楼梯可用木板覆盖加以保护；地面可用锯末、苫布等覆盖以防止喷浆等污染，其他需要防晒、防冻、保温养护等项目也应采取适当的防护措施。

④ 封闭。就是采取局部封闭的办法进行保护。例如垃圾道完成后，可将其进口封闭起来，以防止建筑垃圾堵塞通道；房间水泥地面或地面砖完成后，可将该房间局部封闭，防止人们随意进入而损害地面；室内装修完成后，应加锁封闭，防止人们随意进入而受到损伤等。

⑤ 合理安排施工顺序。主要是通过合理安排不同工作间的施工顺序先后，以防止后道工序损坏或污染已完施工的成品或生产设备。例如采取房间内先喷浆或喷涂而后装灯具的施工顺序可防止喷浆污染、损害灯具；先做顶棚、装修而后做地坪，也可避免顶棚及装修施工污染、损害地坪。

（二）作业技术活动结果检验程序与方法

1. 检验程序。按一定的程序对作业活动结果进行检查，其根本目的是要体现作业者要对作业活动结果负责，同时也是加强质量管理的需要。

作业活动结束，应先由承包单位的作业人员按规定进行自检，自检合格后与下一工序的作业人员交接检查，如满足要求则由承包单位专职质检员进行检查，以上自检、交检、专检均符合要求后则由承包单位向监理工程师提交"报验申请表"，监理工程师收到通知后，应在合同规定的时间内及时对其质量进行检查，确认其质量合格后予以签认验收。

作业活动结果的质量检查验收主要是对质量性能的特征指标进行检查。即采取一定的检测手段进行检验，根据检验结果分析、判断该作业活动的质量（效果）。

（1）实测。采用必要的检测手段，对实体进行的几何尺寸测量、测试或对抽取的样品进行检验，测定其质量特性指标（例如混凝土的抗压强度）。

（2）分析。对检测所得数据进行整理、分析，找出规律。

（3）判断。根据对数据分析的结果，判断该作业活动效果是否达到了规定的质量标准；如果未达到，应找出原因。

（4）纠正或认可。如发现作业质量不符合标准规定，应采取措施纠正；如果质量符合要求则予以确认。

重要的工程部位、工序和专业工程，或监理工程师对承包单位的施工质量状况未能确信者，以及主要材料，半成品、构配件的使用等，还需由监理人员亲自进行现场验收试验或技术复核。例如路基填土压实的现场抽样检验等；涉及结构安全的试块、试件以及有关材料，应按规定进行见证取样检测、抽样检验。

2. 质量检验的主要方法。对于现场所用原材料、半成品、工序过程或工程产品质量进行检验的方法，一般可分为三类，即目测法、检测工具量测法以及试验法。

（1）目测法。凭借感官进行检查，也可以叫作观感检验。这类方法主要是根据质量要求，采用看、摸、敲、照等手法对检查对象进行检查，"看"就是根据质量标准要求进行外观检查，例如清水墙表面是否洁净，喷涂的密实度和颜色是否良好、均匀，工人的施工操作是否正常，混凝土振捣是否符合要求等。所谓"摸"就是通过触摸手感进行检查、鉴别，例如油漆的光滑度，浆活是否牢固、不掉粉等，所谓"敲"，就是运用敲击方法进行音感检查，例如对拼镶木地板、墙面瓷砖、大理石镶贴、地砖铺砌等的质量均可通过敲击检查，根据声音虚实、脆闷判断有无空鼓等质量问题。所谓"照"就是通过人工光源或反射光照射，仔细检查难以看清的部位。

（2）检测工具量测法。就是利用量测工具或计量仪表，通过实际量测结果与规定的质量标准或规范的要求相对照，从而判断质量是否符合要求。量测的手法可归纳为：靠、吊、量、套。所谓"靠"，是用直尺检查诸如地面、墙面的平整度等。所谓"吊"是指用托线扳线锤检查垂直度。"量"是指用量测工具或计量仪表等检查断面尺寸、轴线、标高、温度、湿度等数值并确定其偏差，例如大理石板拼缝尺寸与超差数量，摊铺沥青拌和料的温度等。所谓"套"，是指以方尺套方辅以塞尺，检查诸如踏脚线的垂直度、预制构件的方正，门窗口及构件的对角线等。

（3）试验法。试验法指通过进行现场试验或试验室试验等理化手段，取得数据，分析判断质量情况。包括：

①理化试验工程中常用的理化试验包括各种物理力学性能方面的检验和化学成分及含量的测定等两个方面。力学性能的检验如各种力学指标的测定，像抗拉强度、抗压强度、抗弯强度、抗折强度、冲击韧性、硬度、承载力等。各种物理性能方面的测定如密度、含水量、凝结时间、安定性、抗渗、耐磨、耐热等。各种化学方面的试验如化学成分及其含量的测定（例如钢筋中的磷、硫含量、混凝土粗骨科中的活性氧化硅成分测定等），以及耐酸、耐碱、抗腐蚀等。此外，必要时还可在现场通过诸如对桩或地基的现场静载试验或打试桩，确定其承载力，对混凝土现场取样，通过试验室的抗压强度试验，确定混凝土达到的强度等级；以及通过管道压水试验判断其耐压及渗漏情况等。

② 无损测试或检验借助专门的仪器、仪表等手段探测结构物或材料、设备内部组织结构或损伤状态。这类检测仪器如：超声波探伤仪、磁粉探伤仪、γ射线探伤、渗透液探伤等。它们一般可以在不损伤被探测物的情况下了解被探测物的质量情况。

3. 质量检验程度的种类。按质量检验的程度，即检验对象被检验的数量划分，可有以下几类：

（1）全数检验。全数检验也叫作普遍检验。它主要是用于关键工序部位或隐蔽工程，以及那些在技术规程、质量检验验收标准或设计文件中有明确规定应进行全数检验的对象。总之，对于诸如规格、性能指标对工程的安全性、可靠性起决定作用的施工对象；质量不稳定的工序；质量水平要求高，对后继工序有较大影响的施工对象，不采取全数校验不能保证工程质量时，均需采取全效检验。例如对安装模板的稳定性、刚度、强度、结构物轮廓尺寸等；对于架立的钢筋规格、尺寸、数量、间距、保护层以及绑扎或焊接质量等。

（2）抽样检验。对于主要的建筑材料、半成品或工程产品等，由于数量大，通常大多采取抽样检验。即从一批材料或产品中，随机抽取少量样品进行检验，并根据对其数据经统计分析的结果，判断该批产品伪质量状况。与全数检验相比较，抽样检验具有如下优点：检验数量少，比较经济；适合于需要进行破坏性试验（如混凝土抗压强度的检验）的检验项目；检验所需时间较少。

（3）免检。就是在某种情况下，可以免去质量检验过程。对于已有足够证据证明质量有保证的一般材料或产品；或实践证明其产品质量长期稳定、质量保证资料齐全者，或是某些施工质量只有通过在施工过程中的严格质量监控，而质量检验人员很难对产品内在质量再作检验的，均可考虑采取免检。

4. 质量检验必须具备的条件。监理单位对承包单位进行有效的质量监督控制是以质量检验为基础的，为了保证质量检验的工作质量，必须具备一定的条件。

（1）监理单位要具有一定的检验技术力量。配备所需的具有相应水平和资格的质量检验人员。必要时，还应建立可靠的对外委托检验关系。

（2）监理单位应建立一套完善的管理制度，包括建立质量检验人员的岗位责任制；检验设备质量保证制度；检验人员技术核定与培训制度；检验技术规程与标准实施制度；以及检验资料档案管理等方面。

（3）配备一定数量符合标准及满足检验工作需要的检验和测试手段。

（4）质量检验所需的技术标准，如国际标准、国家标准、行业及地方标准等。

5. 质量检验计划。工程项目的质量检验工作具有流动性、分散性及复杂性的特点。

为使监理人员能有效地实施质量检验工作和对承包单位进行有效的质量监控，监理单位应当制定质量检验计划，通过质量检验计划这种书面文件，可以清楚地向有关人员表明应当检验的对象是什么，应当如何检验，检验的评价标准如何，以及其他要求等。

质量检验计划的内容可以包括：

(1) 分部分项工程名称及检验部位；

(2) 检验项目，即应检验的性能特征，以及其重要性级别；

(3) 检验程度和抽检方案；

(4) 应采用的检验方法和手段；

(5) 检验所依据的技术标准和评价标准；

(6) 认定合格的评价条件；

(7) 质量检验合格与否的处理；

(8) 对检验记录及签发检验报告的要求；

(9) 检验程序或检验项目实施的顺序。

四、施工阶段质量控制手段

(一) 审核技术文件、报告和报表

这是对工程质量进行全面监督、检查与控制的重要手段。审核的具体内容包括以下几方面：

(1) 审查进入施工现场的分包单位的资质证明文件，控制分包单位的质量。

(2) 审批施工承包单位的开工申请书，检查、核实与控制其施工准备工作资质。

(3) 审批承包单位提交的施工方案、质量计划、施工组织设计或施工计划，控制工程施工质量有可靠的技术措施保障。

(4) 审批施工承包单位提交的有关材料、半成品和构配件质量证明文件（出厂合格证、质量检验或试验报告等），确保工程质量有可靠的物质基础。

(5) 审核承包单位提交的反映工序施工质量的动态统计资料或管理图表。

(6) 审核承包单位提交的有关工序产品质量的证明文件（检验记录及试验报告）、工序交接检查（自检）、隐蔽工程检查、分部分项工程质量检查报告等文件、资料，以确保和控制施工过程的质量。

(7) 审批有关工程变更、修改设计图纸等，确保设计及施工图纸的质量。

(8) 审核有关应用新技术、新工艺、新材料、新结构等的技术鉴定书，审批其应用申请报告，确保新技术应用的质量。

(9) 审批有关工程质量事故或质量问题的处理报告，确保质量事故或质量问题的处理。

(10) 审核与签署现场有关质量技术签证、文件等。

(二) 指令文件与一般管理文书

指令文件是监理工程师运用指令控制权的具体形式。所谓指令文件是表达监理工程师对施工承包单位提出指示或命令的书面文件，属要求强制性执行的文件。一般情况下是监理工程师从全局利益和目标出发，在对某项施工作业或管理问题，经过充分调研、沟通和决策之后，必须要求承包人严格按监理工程师的意图和主张实施的工作。对此承包人负有全面正确执行指令的责任，监理工程师负有监督指令实施效果的责任，因此，它是一种非常慎用而严肃的管理手段。监理工程师的各项指令都应是书面的或有文件记载方为有效，并作为技术文件资料存档。如因时间紧迫，来不及做出正式的书面指令，也可以用口头指令的方式下达给承包单位。但随即应按合同规定，及时补充书面文件对口头指令予以确认。

指令文件一般均以监理工程师通知的方式下达，在监理指令中，开工指令、工程暂停指令及工程恢复施工指令也属指令文件，但由于其地位的特殊，在施工过程的质量控制相关单元已做了介绍。

一般管理文书，如监理工程师函、备忘录、会议纪要、发布有关信息、通报等，主要是对承包商工作状态和行为，提出建议、希望和劝阻等，不属强制性要求执行，仅供承包人自主决策参考。

（三）现场监督和检查

1. 现场监督检查的内容

（1）开工前的检查。主要是检查开工前准备工作的质量，能否保证正常施工及工程施工质量。

（2）工序施工中的跟踪监督、检查与控制。主要是监督、检查在工序施工过程中，人员、施工机械设备、材料、施工方法及工艺或操作以及施工环境条件等是否均处于良好的状态，是否符合保证工程质量的要求，若发现有问题及时纠偏和加以控制。

（3）对于重要的和对工程质量有重大影响的工序和工程部位，还应在现场进行施工过程的旁站监督与控制，确保使用材料及工艺过程质量。

2. 现场监督检查的方式

（1）旁站与巡视。旁站是指在关键部位或关键工序施工过程中由监理人员在现场进行的监督活动。

在施工阶段，很多工程的质量问题是由于现场施工或操作不当或不符合规程、标准所致，有些施工操作不符合要求的工程质量，虽然在表面上似乎影响不大，或外表上看不出来，但却隐蔽着潜在的质量隐患与危险。例如浇筑凝土时振捣时间不够或漏振，都会影响混凝土的密实度和强度，而只凭抽样检验并不一定能完全反映出实际情况。此外，抽样方法和取样操作如果不符合规程及标准的要求，其检验结果也同样不能反映实际情况。上述这类不符合规程或标准要求的违章施工或违章操作，只有通过监理人员的现场旁站监督与检查，才能发现问题并得到控制。旁站的部位或工序要根据工程特点，也应根据承包单位内部质量管理水平及技术操作水平决定。一般而言，混凝土灌注、预应力张拉过程及压浆，基础工程中的软基处理、复合地基施工（如搅拌桩、旋喷桩、粉喷桩），路面工程的沥青拌和料摊铺、沉井过程，桩基的打桩过程、防水施工、隧道衬砌施工中超挖部分的回填、边坡喷锚打锚杆等要实施旁站。

巡视是指监理人员对正在施工的部位或工序现场进行的定期或不定期的监督活动，是一种"面"上的活动，它不限于某一部位或过程，而旁站则是"点"的活动，它是针对某一部位或工序。因此，在施工过程中，监理人员必须加强对现场的巡视、旁站监督与检查，及时发现违章操作和不按设计要求、不按施工图纸或施工规范、规程或质量标准施工的现象，对不符合质量要求的要及时进行纠正和严格控制。

（2）平行检验。监理工程师利用一定的检查或检测手段在承包单位自检的基础上，按照一定的比例独立进行检查或检测的活动。

它是监理工程师质量控制的一种重要手段，在技术复核及复验工作中采用，是监理工程师对施工质量进行验收，做出自己独立判断的重要依据之一。

（四）规定质量监控工作程序

规定双方必须遵守的质量监控工作程序，按规定的程序进行工作，这也是进行质量监控的必要手段。例如未提交开工申请单并得到监理工程师的审查、批准，不得开工；未经监理工程师签署质量验收单并予以质量确认，不得进行下道工序；工程材料未经监理工程师批准，不得在工程上使用等。

此外，还应具体规定交桩复验工作程序，设备、半成品、构配件材料进场检验工作程序，隐蔽工程验收、工序交接验收工作程序，检验批、分项、分部工程质量验收工作程序等。通过程序化管理，使监理工程师的质量控制工作进一步落实，做到科学、规范的管理和控制。

（五）利用支付手段

这是国际上较通用的一种重要的控制手段，也是建设单位或合同中赋予监理工程师的支付控制权。从根本上讲，国际上对合同条件的管理主要是采用经济手段和法律手段。因此质量监理是以计量支付控制权为保障手段的。所谓支付控制权就是对施工承包单位支付任何工程款项，均需由总监理工程师审核签认支付证明书，没有总监理工程师签署的支付证书，建设单位不得向承包单位进行支付工程款。工程款支付的条件之一就是工程质量要达到规定的要求和标准。如果承包单位的工程质量达不到要求的标准，监理工程师有权采取拒绝签署支付证书的手段，停止对承包单位支付部分或全部工程款，由此造成的损失由承包单位负责。显然，这是十分有效的控制和约束手段。

第四节　主要分部分项工程的质量管理

【示例 4-5】

安徽××住宅楼设备安装工程质量控制策划

一、背景资料

工程名称：××世纪花园 N6 地块Ⅲ标段住宅楼工程

工程地点：××市桥山路与慈湖河路交叉口

建设单位：××置业发展有限公司

设计单位：上海××建筑设计有限公司

本工程 1 号～3 号楼共 18 层，建筑高度为 53.4m，C30 P6 钢筋满堂基础和预应力管桩基础，加气混凝土砌块填充墙，楼地面为地砖及水泥砂浆面层，地下室顶棚刷防霉涂料，其余顶棚刷内墙涂料；其余住宅楼共 6 层，建筑高度为 18.7m，C25 钢筋混凝土满堂基础和预应力管桩基础，±0.00 以下为 M7.5 防水水泥砂浆及 M10 水泥砂浆砌筑 MU10.0 红砖填充墙体，±0.00 以上为 M5.0 混合砂浆砌筑多孔砖填充墙及承重墙，楼地面为 20 厚 1:3 水泥砂浆找平层，屋面为防水卷材屋面，外墙挂贴花岗石、刷外墙涂料，内墙混合砂浆粉刷，窗为铝合金推拉窗，门为铝合金推拉门及成品防盗保温门。

二、设备安装质量控制策划

（1）设备安装准备阶段

1）审查安装单位提交的设备安装施工组织设计和安装施工方案；

2）检查作业条件，采用建筑结构作为起吊、搬运设备的承力点时是否对结构的承载力进行了核算，是否得到设计单位的同意；

（2）设备安装过程

设备安装过程的质量控制主要包括：设备基础检验，设备就位、调平与找正，二次灌浆等不同工序的质量控制。

1）设备基础的质量控制

设备在安装就位前，要对基础的外形几何尺寸、位置、混凝土强度等进行检验。对大型设备基础应审核土建部门提供的预压及沉降观测记录，如无沉降记录时，应进行基础预压，以免设备在安装后出现基础下沉和倾斜。

质量工程师对设备基础检查验收时还应注意：基础表面是否全部清理干净，预埋地脚螺栓的螺纹和螺母应保护完好，放置垫铁部位的表面应找平。所有预埋件的数量和位置要正确。对不符合要求的质量问题，应指令承包单位立即进行处理，直至检验合格为止。

2）设备就位和调平找正质量控制

检查设备就位前划定的设备安装基准线（纵、横向）和标高，并检查其测量位置是否符合要求。设备就位时应平稳，防止摇晃位移，对重心较高的设备，应采取措施预防失稳倾覆。设备调平找正分为设备找正、设备初平及设备精平三个步骤。设备找正调平时需要有相应的基准面和测点。质量工程师要对测点进行检查及确认，对设备调平找正使用工具、量具的精度进行审核。对安装单位进行设备初平、精平的方法进行审核和复验（如安装水平度检测、垂直度的检测、直线度的检测、平面度的检测、同轴度的检测、跳动检测、对称度的检测等），以保证设备调平找正达到规范要求。

3）安装单位经自检确认符合安装技术标准后，应提请质量工程师进行检验，经质量工程师检查合格，安装单位方可进行二次灌浆工作。

（3）设备试运行质量控制

设备安装单位认为达到试运行条件，经现场质量工程师检查并确认满足设备试运行条件时，应向项目监理机构提出申请，进行设备试运行。质量工程师应参加试运行的全过程，主要监督安装单位按规定的步骤和内容试运行，督促安装单位做好各种检查及运行记录。试运行时，建设单位及设计单位应有代表参加。

一、主要分部分项工程质量控制程序

（一）土方回填工程质量控制程序

1. 填土的方法

填土可采用人工填土和机械填土。

人工填土一般用手推车运土，人工用锹、耙、锄等工具进行填筑，从最低部分开始由一端向另一端自下而上分层铺填。

机械填土可用推土机、铲运机或自卸汽车进行。用自卸汽车填土，需用推土机推开推平，采用机械填土时，可利用行驶的机械进行部分压实工作。

填土必须分层进行，并逐层压实。特别是机械填土，不得居高临下，不分层次，一次倾倒填筑。

2. 压实方法

填土的压实方法有碾压、夯实和振动压实等几种。

碾压适用于大面积填土工程。碾压机械有平碾（压路机）、羊足碾和气胎碾。羊足碾需要较大的牵引力而且只能用于压实黏性土，因在砂土中碾压时，土的颗粒受到"羊足"较大的单位压力后会向四面移动，而使土的结构破坏。气胎碾在工作时是弹性体，给土的压力较均匀，填土质量较好。应用最普遍的是刚性平碾。利用运土工具碾压土也可取得较大的密实度，但必须很好地组织土方施工。但如果单独使用运土工具进行土的压实工作，在经济上是不合理的，它的压实费用要比平碾压实贵一倍左右。

夯实主要用于小面积填土，可以夯实黏性土或非黏性土。夯实有的可以压实较厚的土层。夯实机械有夯锤、内燃夯土机和蛙式打夯机等。夯锤借助起重机提起并落下，其重量大于 1.5t，落距 2.5～4.5m，夯实影响深度可超过 1m，常用于夯实湿陷性黄土、杂填土以及含有石块的填土。内燃夯土机作用深度为 0.4～0.7m，它和蛙式打夯机都是应用较广的夯实机械。人力夯土（木夯、石硪）方法则已很少使用。

振动夯实主要用于压实非黏性土，采用的机械主要是振动压路机、平板振动器等。

图 4-11 是土方回填工程质量的控制程序。

（二）机械设备质量控制程序

结构安装工程即是在现场或工厂制作结构构件或构件组合，用起重机械在施工现场将其起吊并安装到计算位置，形成装配式结构。结构安装工程按结构类型可分为混凝土结构安装工程和钢结构安装工程等。

结构安装工程存在的构件类型多、构件吊装应力状态变化大、高空作业多，因此受机械设备和吊装方法的影响大，其直接影响到施工方案的制定和施工安全。

图 4-12 是机械设备质量的控制程序。

（三）模板工程质量控制程序

现浇混凝土结构施工用的模板是使混凝土构件按设计的几何尺寸浇筑成型的模型板，是混凝土构件成型的一个十分重要的组成部分。模板系统包括模板和支架两部分。模板的选材和构造的合理性，以及模板制作和安装的质量，都直接影响混凝土结构和构件的质量、成本和进度。

现浇混凝土结构施工用的模板要承受混凝土结构施工过程中的水平荷载（混凝土的侧压力）和竖向荷载（模板自重、结构材料的重量和施工荷载等）。为了保证钢筋混凝土结构施工的质量，对模板及其支架有如下要求：

1. 保证工程结构和构件各部分形状、尺寸和相互位置的正确；

2. 具有足够的强度、刚度和稳定性，能可靠地承受新浇混凝土的重量和侧压力，以及在施工过程中所产生的荷载；

3. 构造简单，装拆方便，并便于钢筋的绑扎与安装，符合混凝土的浇筑及养护等工艺要求；

4. 模板接缝应严密，不得漏浆。

图 4-13 是模板工程质量的控制程序。

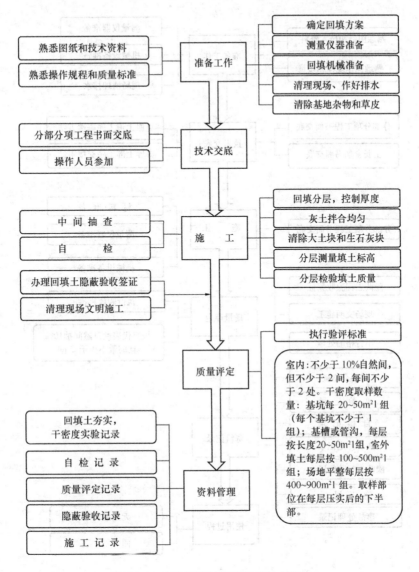

图 4-11　土方回填工程质量的控制程序

（四）钢筋工程质量控制程序

在钢筋混凝土结构中，钢筋及其加工质量对结构质量起着决定性的作用，钢筋工程又属于隐蔽工程，在混凝土浇筑后，钢筋的质量难以检查，故对钢筋的进场验收到一系列的加工过程和最后的绑扎安装，都必须进行严格的质量控制，以确保结构的质量。

钢筋出厂时，应在每捆（盘）上都挂有二个标牌（注明生产厂、生产日期、钢号、炉罐号、钢筋级别、直径等标记），并附有质量证明书，钢筋进场时应进行复验。进场时应按炉罐（批）号及直径分别存放、分批检验，并按现行国家有关标准的规定抽取试样作力学性能试验，合格后方可使用。

图 4-14 是钢筋工程质量的控制程序。

（五）混凝土工程质量控制程序

混凝土工程是钢筋混凝土结构工程的一个重要组成部分，其质量好坏直接关系到结构

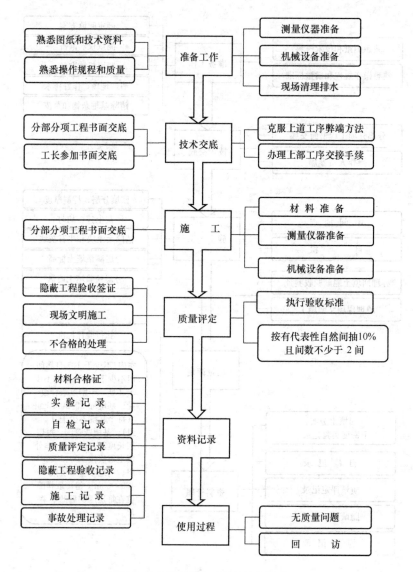

图 4-12 机械设备质量的控制程序

的承载能力和使用寿命。混凝土工程包括配料、搅拌、运输、浇筑、养护等施工过程，各工序相互联系又相互影响，因而在混凝土工程施工中，对每一个施工环节都要认真对待，把好质量关，以确保混凝土工程获得优良的质量。

图 4-15 是混凝土工程质量的控制程序。

（六）砌筑工程质量控制程序

砌筑工程是指普通黏土、硅酸盐类砖、石块和各种砌块的施工。

砖石建筑在我国有悠久的历史，目前在土木工程中仍占有相当的比重。这种结构虽然取材方便、施工简单、成本低廉，但它的施工仍以手工操作为主，劳动强度大、生产率低，而且烧制黏土砖占用大量农田，因而采用新型墙体材料，改进砌体施工工艺是砌筑工程改革的重点。

图 4-16 是砌筑工程质量的控制程序。

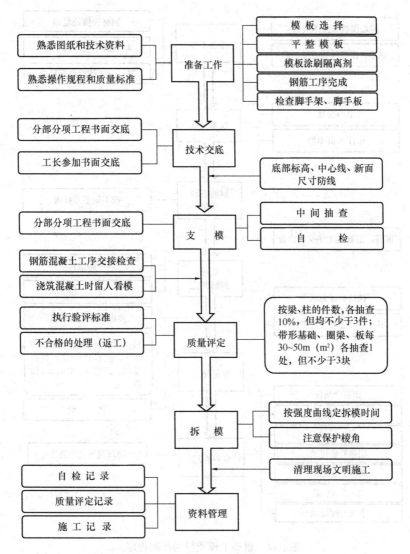

图 4-13　模板工程质量的控制程序

（七）楼地面工程质量控制程序

楼地面是房屋建筑底层地坪与楼层地平的总称，在建筑中主要有分隔空间，对结构层的加强和保护，满足人们的使用要求以及隔声、保温、找坡、防水、防潮、防渗等作用。楼地面与人、家具、设备等直接接触，承受各种荷载以及物理、化学作用，并且在人的视线范围内所占比例比较大，因此，必须满足以下要求。

1. 满足坚固、耐久性的要求

楼地面面层的坚固、耐久性由室内使用状况和材料特性来决定。楼地面面层应当不易被磨损、破坏、表面平整、不起尘，其耐久性国际通用标准一般为 10 年。

2. 满足安全性的要求

安全性是指楼地面面层使用时防滑、防火、防潮、耐腐蚀、电绝缘性好等。

3. 满足舒适感要求

舒适感是指楼地面面层应具备一定的弹性，蓄热系数及隔声性。

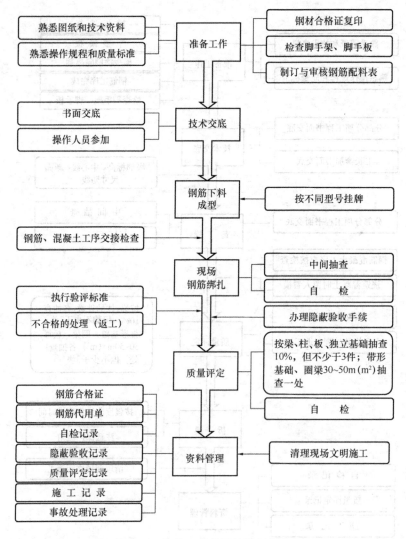

图 4-14 钢筋工程质量的控制程序

4．满足装饰性要求

装饰性是指楼地面面层的色彩、图案、质感效果必须考虑室内空间的形态、家具陈设、交通流线及建筑的使用性质等因素，以满足人们的审美要求。

图 4-17 是楼地面工程质量的控制程序。

（八）屋面防水工程质量控制程序

屋面是建筑物最上层的外围护构件，用于抵抗自然界的雨、雪、风、霜、太阳辐射、气温变化等不利因素对屋面防水工程施工要素的影响，保证建筑内部有一个良好的使用环境，屋面应满足坚固耐久、防水、保温、隔热、防火和抵御各种不良影响的功能要求。不论是工业还是民用建筑屋面的防水工程施工质量控制措施都直接关系着工程质量的好坏、优劣和建筑物的使用寿命。

图 4-18 是屋面防水工程质量的控制程序。

二、主要分部分项工程质量管理方法

分部分项工程质量管理的另一个重要方面就是其质量管理的方法，如表 4-10 所示。

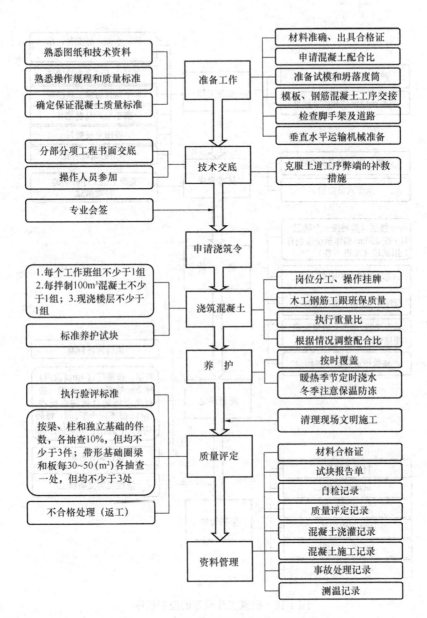

图 4-15 混凝土工程质量的控制程序

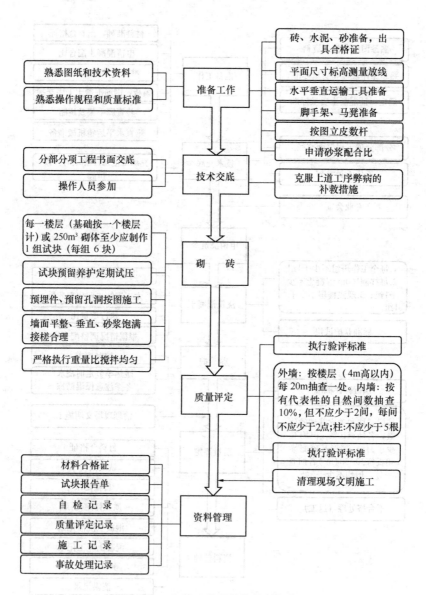

图 4-16 砌筑工程质量的控制程序

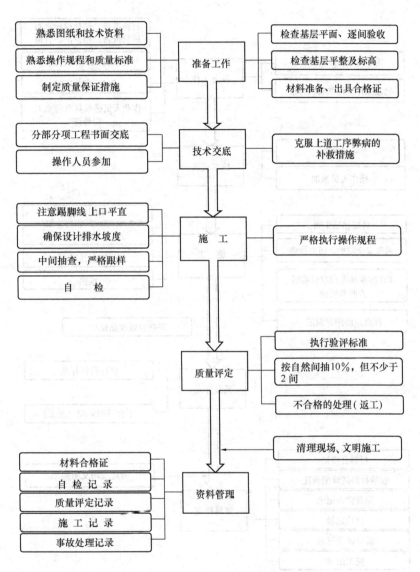

图 4-17　楼地面工程质量的控制程序

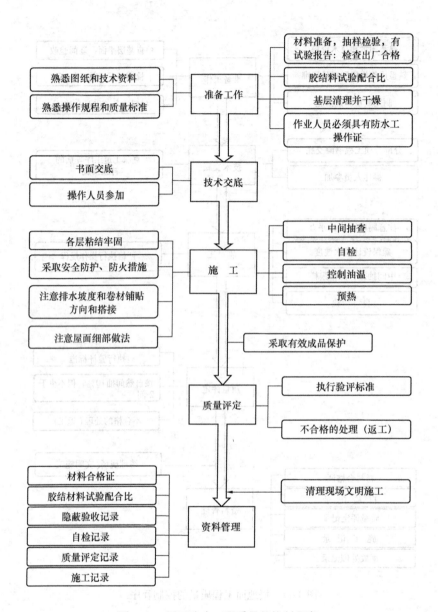

图 4-18 屋面防水工程质量的控制程序

分部分项工程质量管理方法表　　　　　　　　　表 4-10

分部工程	分项工程	控制要点	控制手段
1. 地基及基础	灌注桩 成孔	桩位：轴线、标高 孔径、垂直度 打拔管速度 桩底沉渣 入岩深度 泥浆比重	测量 量测 旁站 吊砣检查 量测 取样、观察、测量
	钢筋笼制作及安装	材料质量 规格数量 骨架截面、长度 焊接 骨架安装： 　　标高、位置 　　保护层厚度	实验、查阅合格证 量测 量测 观察、实验 量测 观察
	混凝土	原材料：配合比 计量 坍落度 浇筑速度 混凝土实浇量、充盈系数 混凝土强度 试块制作	查阅合格证、实验 旁站 旁站、测试 旁站 旁站、测算 见证试验 旁站
	成桩及桩顶处理	成桩标高、轴线偏移、位置 成桩孔径 成孔观感质量 成孔承载力 浮浆清除 锚固筋长度	测量、量测 测量 观察 测量 静压测量 观察、检测 量测
	预制桩 打入桩	桩位 垂直度 多节桩连接 停压标准：入土深度 　　　　　　压力值	测量 量测 旁站、观察 量测、旁站 量测、旁站
	静压桩	桩位 垂直度 多节桩连接 停压标准：入土深度 　　　　　　压力值	测量 量测 旁站、观察 量测、旁站 量测、旁站

117

分部工程	分项工程		控制要点	控制手段
1. 地基及基础	基础工程	基坑围护	围护位置、标高 围护桩支撑、锚固 围护桩长度 地下连续墙浇筑 土钉墙施工	量测、测量 量测 量测 量测、旁站 量测、旁站
		土方开挖	基坑开挖范围、边线 基坑开挖深度、高程控制 基坑回填、夯实	量测 测量 现场检测
		垫层	垫层厚度 垫层标高 垫层轴线尺寸	量测 测量 量测
		卷材防水	细部构造处理	旁站
2. 主体结构	现浇钢筋混凝土主体结构	预制构件	构件材料、规格 材料配合比 构件强度 构件安装位置 构件安装标高 灌缝密实性 预埋件	查阅材料资料、观察 测量 试验 见证检测试验 测量、旁站 测量、旁站 观察、旁站
		模板	轴线、规格 截面几何尺寸 垂直度 严密、稳固 支撑安全性能	测量 量测 量测 观察 观察
		钢筋	材质 规格、数量、型号、位置 搭接、焊接、锚固 几何尺寸 绑扎牢固 保护层厚度 预应力张拉	查阅合格证、见证试验 量测 量测、试验 量测 观察 量测 量测、旁站
		混凝土	原材料配合比、安定性 计量 坍落度、水灰比 施工缝、后浇带 养护 混凝土强度	查阅合格证、试验 旁站、试验 旁站、试验 旁站 跟踪 见证试验
		砌体结构	原材料配合比 底灰饱满度 平整、垂直度 灰缝厚度、平直错缝 门窗洞口位置 预埋管（件）、拉筋 砂浆强度	试验 旁站 量测 旁站、量测 量测 旁站、量测 见证试验

分部工程	分项工程	控制要点	控制手段
3. 建筑装饰装修	室内初装修	材料配合比 抹灰厚度平整、垂直度 室内地面厚度、平整度 连接牢固 阳角水泥砂浆 厨卫泛水、防水	试验 做样板间、量测 做样板间、量测 小锥检测 做试验、量测 测量、满水试验
	室内高级装修	饰面板材质好、表面平整、四角方正、几何尺寸规则 安装牢固、接缝紧密、无空鼓 位置准确、美观大方 油漆工程、木纹清晰、光亮、光滑、无流坠、皱皮	观察、测量 观察、小锥检测 观察 观察
	外墙装饰防水工程	材料配合比 抹灰厚度、平整度、垂直度 阳角竖直度 防水层涂刷粘结牢固、平整、无脱层、裂缝 水平装饰分隔缝平直、竖向分隔缝竖直 基层材质不同时设安全网	试验 量测 测量 观察 观察、量测 观察
	门窗工程 — 木门窗	位置、尺寸、缝隙 含水率、防腐 安装牢固、开关灵活 水平、垂直度	量测 观察 观察、测试 测量
	门窗工程 — 塑钢铝合金门窗	材料、规格 嵌填、严密性 位置、牢固 开关灵活 竖向垂直度 尺寸大小 玻璃质量 固定点位置 "三性"试验	查阅材料资质、量测 观察 观察、手扳 检测 观察 量测 观察、量测 量测 查阅资料

续表

分部工程	分项工程	控制要点	控制手段
4. 建筑屋面	找平层	厚度、坡度、平整度	观察、量测
		细部处理	观察、量测
		不起壳、不起沙	小锥检测
	保温层	密度、含水率	试验
		厚度、平整度	量测
		均匀一致	观察
	防水层	原材料	查阅出厂合格证、试验
		嵌填、粘结、平整度	观察、量测
		细部处理、排水	观察、量测
		不起壳、不空鼓	小锥检测
		分格缝均匀、嵌填密封	观察
5. 建筑给水排水及采暖		安装位置及坡度、接头	观察、量测
		管阀连接位置、接头	观察、量测
		水压试验	水压试验
		水表、消防栓、卫生洁具、器件	观察、量测
		自动喷淋、水幕、位置、间距、方向	观察、量测
		水泵安装位置、标高、试运转轴承温升	通水试验
		排水系统通水试验	观察、量测
		补偿器的型号、位置、预拉伸	观察、量测、查验记录
		固定支架位置	对照图纸检查
		各类阀门、器具、散热的型号、规格、位置	
6. 建筑电气		变配电设备安装：位置、标高、线路连接屏柜、附件及线路安装	观察、量测
			观察、量测
		绝缘、接地	观察、量测
		灯具、开关、插座的位置、相序	观察、量测
7. 智能建筑		设备安装：位置、标高、线路连接	观察、量测
		线路及附件安装	观察、量测
8. 通风与空调		冷冻机组安装：位置、标高	观察、量测
		风管、风机盘管：位置、标高、坡度、坡向、接头	观察、量测
		风管、制冷管道保温措施	观察、量测
		空调器及风机安装：位置、标高	观察、量测
		管道穿过墙或楼板套管、缝隙填嵌严密	观察
		阀闸安装位置、方向	
9. 电梯		导轨：位置、垂直度、内表面间距	观察、量测
		桥箱、层门：垂直度、平层进度、门窗开关	观察、量测
		电气系统安装牢固、线路连接	观察、量测
		控制协同调试	测试

复习思考题

一、单项选择题

1. 工程施工的质量控制按工程实体形成过程中物质形态转化的阶段划分，正确的是（　　）。

A. 施工准备控制

B. 施工过程控制

C. 对完成的工程产出品质量的控制与验收

D. 竣工验收控制

2. 下列选项不属于施工阶段监理工程师进行质量控制的依据有（　　）。

A. 监理协会颁布的有关质量管理方面的法律、法规性文件

B. 工程合同文件

C. 有关质量检验与控制的专门技术法规性文件

D. 设计文件

3. 工程施工质量不符合要求时的处理方式不正确的是（　　）。

A. 经有资质的检测单位鉴定达到设计要求的检验批，应予以验收

B. 经有资质的检测单位鉴定达不到设计要求但经原设计单位核算认可能满足结构安全和使用功能的检验批严禁验收

C. 经返工重做或更换器具、设备检验批，应重新进行验收

D. 通过返修或加固仍不能满足安全使用要求的分部工程、单位（子单位）工程，严禁验收

4. 符合施工承包企业按其承包工程能力分类的有（　　）。

A. 专业分包企业

B. 劳务总承包企业

C. 施工总承包企业

D. 劳务承包企业

5. 工程质量控制，包括监理单位的质量控制、勘察设计单位的质量控制、施工单位的质量控制和（　　）方面的质量控制。

A. 主管部门

B. 建设银行

C. 政府

D. 社会监理

二、多项选择题

1. 工程项目开工前，监理工程师对人员的质量控制包括审核（　　）。

A. 承包单位的资质

B. 专业人员持证上岗

C. 分包方的资质

D. 施工人员的技术资质

E. 施工队伍是否符合要求

2. 审查施工组织设计是施工准备阶段监理工程师进行质量控制的重要工作，这项工作的内容应包括（　　）。

A. 对承包单位编制的施工组织设计的审核签认由总监负责

B. 承包商应按审定的施工组织设计文件组织施工，不得对其进行调整

C. 经审定的施工组织设计应由项目监理机构报送工程质量监督机构

D. 经审定的施工组织设计应由项目监理机构报送建设单位

E. 经建设单位批准，工艺复杂的工程可分阶段报审施工组织设计

3. 在对进场施工机械设备的性能及工作状态进行质量控制时，监理工程师的工作包括（   ）。

A. 考查施工机械设备的工作效率和可维修性

B. 对于有特殊安全要求的机械设备应要求承包单位在使用前办理相关手续

C. 核对承包单位报送的进场设备清单

D. 考查施工机械的性能参数是否与施工对象的特点相适应

E. 实际复验重要工程机械的工作状态

4. 施工质量控制的系统过程一般根据（   ）来划分。

A. 时间阶段

B. 物质形态转化

C. 文件形式转化

D. 施工层次

E. 施工范围

5. 监理工程师对施工过程中的质量控制包括（   ）。

A. 作业技术准备状态的控制

B. 作业技术活动运行过程的控制

C. 作业技术活动结果的控制

D. 作业技术活动反馈的控制

E. 中间验收的控制

三、简答题

1. 简述建设项目质量的概念和特点。影响建设项目质量的因素是什么？

2. 什么是建设项目质量管理？建设项目质量管理的基础工作包含哪些？

3. 简述建设单位项目质量控制的内容和措施。

4. 简述工程施工质量控制的内容和措施。

5. 简述我国建设参与各方的质量责任和义务。

四、案例分析题

［案例1］

某高层框架写字楼施工中，监理工程师在施工过程中发现了以下情况：

（1）承包商浇筑基础底板混凝土时，现场搅拌棚挂出的混凝土配合比没有试配报告，现场计量装置未经监理工程师检查核定；

（2）二层框架柱纵向钢筋因材料堆放错误导致直径小于设计要求直径2mm；

（3）三层施工时，由建设方购买到现场的100t钢筋，虽然有正式的出厂合格证，但现场抽检材质化验不合格；

（4）四层现浇混凝土上午绑扎钢筋完毕后，下午上班未经检查验收，就浇筑混凝土；

（5）在八层梁柱施工时，由于构件截面尺寸小，绑扎钢筋有困难，于是钢筋工决定通过"等强代换"原则，改变梁柱节点的梁的钢筋直径与数量；

（6）十层混凝土施工时预留试块经检验达不到设计要求的C30强度等级；

屋盖顶上的钢结构电焊时，经检查发现部分电焊工没有持证上岗。

问题：

你作为监理工程师应如何处理以上情况？

材料进场的验收程序是什么？

选择质量控制点的一般原则是什么？

［案例2］

某工程项目，施工单位在施工测量放线前，要求监理工程师对建设单位给定的原始基准点进行复核，将复核结果送施工单位项目负责人，经施工单位技术人员批准后进行测量放线。施工单位在材料采购前向建设单位申报审查认可后进行订货采购。在施工过程中，由于施工单位对某分部工程缺乏施工机械和施工技术人员，遂将此部分工程分包给另一施工单位，施工单位项目经理在审查分包施工单位资质后，书面进行了确认，并书面通知建设单位，与分包单位签订分包协议。

问题：

以上的说法哪些内容存在不妥之处？请指正。

对分包单位资质的审查，控制的重点是什么？

分包单位提交的《分包单位资质报审表》内容一般应包括哪几方面的内容？

选择题参考答案

一、1. C；2. A；3. B；4. C；5. C

二、1. BDE；2. ADE；3. BCE；4. ABD；5. ABC

第五章　工程竣工验收阶段的质量管理

【开篇案例】

水库项目验收阶段质量管理[❶]

工程概况：新疆引额济乌位于乌鲁木齐经济区阜康市境内，地处天山北缘山前冲洪积扇下部细土平原区，为平原水库，属大型Ⅱ等工程。总库容 2.81 亿 m^3，坝顶高程 503m，最大坝高 28m，坝体总长 17.676km，上游坡比 1∶3，下游坡比 1∶2.5，本工程由东坝段、中坝段、西坝段、南坝段、放水兼放孔涵洞（包括进退水渠）、入库建筑物组成。

1. 验收目的：为使新疆引额济乌 500 水库工程验收工作制度化、规范化，保证分部工程验收质量和提高验收效率。

2. 验收主要工作：

（1）鉴定工程是否达到设计标准；

（2）按现行国家或行业技术标准，评定工程质量等级；

（3）对验收遗留问题提出处理意见。

3. 验收程序

分部工程验收资料审核后，监理单位向项目法人提出申请，由项目法人负责组建验收小组，相关单位的相关专业技术人员数以不超过 2 人为宜。

（1）验收组组长主持召开分部工程验收会议（也可在若干个分部工程实体已验收的基础上集中召开会议）；

（2）验收组分别听取施工、监理单位的分部工程验收工作报告；

（3）验收组对分部工程（工程实体）进行验收并对分部工程的外观质量检查和评定；

（4）验收组检查分部工程技术资料；

（5）验收组对分部工程验收遗留问题提出处理意见，由监理单位形成会议纪要，并抄送各参验单位；

（6）分部工程验收签证由监理单位负责填写，由验收组讨论并通过；

（7）分部工程验收组成员签名。

第一节　工程项目竣工验收阶段质量管理基础有哪些？

一、工程质量验收统一标准及规范体系的构成

建筑工程施工质量验收统一标准、规范体系由《建筑工程施工质量验收统一标准》GB 50300—2001 和各专业验收规范共同组成，在使用过程中它们必须配套使用。各专业

---

❶　本案例来源：胡莉萍. 分部工程的验收. 中国电力教育，2006.

验收规范具体包括：

《建筑地基基础工程施工质量验收规范》GB 50202—2012

《砌体结构工程施工质量验收规范》GB 50203—2011

《混凝土结构工程施工质量验收规范》GB 50204—2002

《钢结构工程施工质量验收规范》GB 50205—2001

《木结构工程施工质量验收规范》GB 50206—2012

《屋面工程质量验收规范》GB 50207—2012

《地下防水工程质量验收规范》GB 50208—2011

《建筑地面工程施工质量验收规范》GB 50209—2010

《建筑装饰装修工程质量验收规范》GB 50210—2001

《建筑给水排水及采暖工程施工质量验收规范》GB 50242—2002

《通风与空调工程施工质量验收规范》GB 50243—2002

《建筑电气工程施工质量验收规范》GB 50303—2002

《电梯工程施工质量验收规范》GB 50310—2002

二、施工质量验收统一标准、规范体系的编制指导思想

为了进一步做好工程质量验收工作，结合当前建设工程质量管理的方针和政策，增强各规范间的协调性及适用性并考虑与国际管理接轨，在建筑工程施工质量验收标准、规范体系的编制中坚持了"验评分离，强化验收，完善手段，过程控制"的指导思想。

三、施工质量验收统一标准、规范体系的编制依据及其相互关系

建筑工程施工质量验收统一标准的编制依据，主要是《中华人民共和国建筑法》、《建设工程质量管理条例》、《建筑结构可靠度设计统一标准》及其他有关设计规范等。验收统一标准及专业验收规范体系的落实和执行，还需要有关标准的支持，其支持体系见图 5-1 工程质量验收规范支持体系示意图。

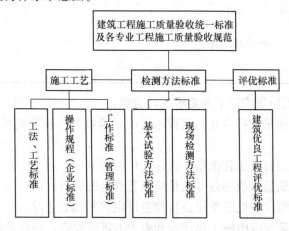

图 5-1　工程质量验收规范支持体系示意图

四、施工质量验收的基本规定

（1）施工现场质量管理应有相应的施工技术标准，健全的质量管理体系、施工质量检验制度和综合施工质量水平评价考核制度，并做好施工现场质量管理检查记录。

施工现场质量管理检查记录应由施工单位按表 5-1 填写，总监理工程师（建设单位项

目负责人）进行检查，并做出检查结论。

施工现场质量管理检查记录 表 5-1

工程名称			施工许可证（开工证）	
建设单位			项目负责人	
设计单位			项目负责人	
监理单位			总监理工程师	
施工单位		项目经理	项目技术负责人	
序号	项 目		内 容	
1	现场质量管理制度			
2	质量责任制			
3	主要专业工种操作上岗证书			
4	分包方资质与对分包单位的管理制度			
5	施工图审查情况			
6	地质勘察资料			
7	施工组织设计、施工方案及审批			
8	施工技术标准			
9	工程质量检验制度			
10	搅拌站及计量设置			
11	现场材料、设备存放与管理			
检查结论：				
总监理工程师 （建设单位负责人） 年 月 日				

（2）建筑工程施工质量应按下列要求进行验收：

1）建筑工程施工质量应符合建筑工程施工质量验收统一标准和相关专业验收规范的规定；

2）建筑工程施工应符合工程勘察、设计文件的要求；

3）参加工程施工质量验收的各方人员应具备规定的资格；

4）工程质量的验收应在施工单位自行检查评定的基础上进行；

5）隐蔽工程在隐蔽前应由施工单位通知有关方进行验收，并应形成验收文件；

6）涉及结构安全的试块、试件以及有关材料，应按规定进行见证取样检测；

7）检验批的质量应按主控项目和一般项目验收；

8）对涉及结构安全和使用功能的分部工程应进行抽样检测；

9）承担见证取样检测及有关结构安全检测的单位应具有相应资质；

10）工程的观感质量应由验收人员通过现场检查，并应共同确认。

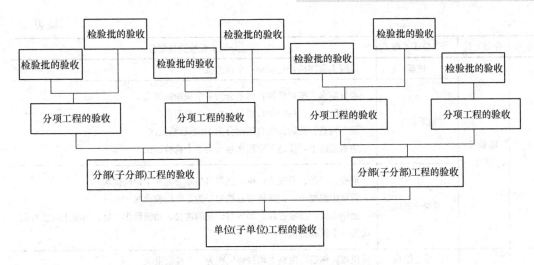

图 5-2　建筑工程施工质量验收层次顺序

五、施工质量验收层次划分

【示例 5-1】

无锡市地铁控制中心基坑工程检验批划分❶

无锡市地铁控制中心基坑工程位于无锡清扬路与金城路交叉口的西北地块，其东面为清扬路，南面为金城路，其上有金城高架路，西面紧靠"沁园新村"居住小区，基本为 6～7 层砖混结构，北面为"辅仁中学"操场。拟建场地原为居民住宅，现状场地地势为东高西低，自然地形标高 3.0～4.5m。场地较相邻东侧清扬路路面标高略低。

控制中心及配套设施基坑总面积约为 16800m²（基坑已经扩大），涵盖控制中心地下二层地下室、清扬路下地下一层、金城路站联络线。基坑深度约为 10.4～12.9m，联络线区域内基坑深约 16～19.5m，基坑安全等级为一级，基坑变形控制等级为一级。

考虑场地周围环境条件复杂，对基坑变形控制要求严格等因素，设计采用 ϕ800 的钻孔灌注桩作为围护桩，外设一排 ϕ650 的二轴搅拌桩止水帷幕。基坑围护结构内设置两道内支撑。

依据工程特点检验批次划分如表 5-2 所示。

依据工程特点检验批次划分　　　　　　　表 5-2

序号	分部工程	子分部工程	分项工程检验批划分
1	地基与基础	无支护土方	土方开挖：按后浇带自然划分为 6 个检验批次 土方回填：按后浇带自然划分为 6 个检验批次
		有支护土方	围护桩：每根桩一个检验批每个台班做一次验收批次 混凝土支撑：按设计分区划分为 16 个检验批次 地下连续墙：按每幅地连墙为一个检验批 旋喷桩：每根桩一个检验批

❶　本案例来源：无锡市地铁项目

序号	分部工程	子分部工程	分项工程检验批划分
1	地基与基础	桩基	混凝土灌注桩：每根桩一个检验批
		地下防水	卷材防水：按后浇带自然划分为 6 个检验批次 涂料防水：按后浇带自然划分为 6 个检验批次 细部构造：按后浇带自然划分为 12 个检验批次 防水混凝土：按地下室层次划分为 2 个检验批次
		混凝土基础	模板、钢筋、混凝土：按后浇带自然划分为 6 个检验批次 后浇带混凝土：按后浇带自然划分为 5 个检验批次 劲钢焊接，螺栓连接，劲钢与钢筋的连接，劲钢制作安装，混凝土均按每层次为一个检验批次
2	主体结构	混凝土结构	模板，钢筋，混凝土均按每层次为一个检验批次
		主楼劲钢混凝土结构	劲钢焊接，螺栓连接，劲钢与钢筋的连接，劲钢制作安装，混凝土均按每层次为一个检验批次
		砌体结构	砖砌体：按每层次为一个检验批次
3	建筑装饰装修	地面	基层，找平层，水泥砂浆面层，面层等均按每层次为一个检验批，每间逐个检查
		抹灰	一般抹灰，装饰抹灰均按每层次为一个检验批，室内每间检查，室外每层抽查
		门窗	木门窗制作与安装，金属门窗安装，特种门窗安装，门窗玻璃安装等均按每层次为一个检验批次
		吊顶	暗龙骨吊顶，明龙骨吊顶按每层次为一个检验批次
		轻质隔墙	板材隔墙，玻璃隔墙等均按每层次为一个检验批次
		饰面板	饰面板安装，饰面砖粘贴按每层每个立面为一个检验批次
		幕墙	玻璃幕墙，金属幕墙按每品种每个立面为一个检验批次
		涂饰	水性涂料，溶剂型涂料涂饰按每层次每个立面为一个检验批次
		细部	窗帘盒、窗台板制作安装，门窗套制作安装，护栏和扶手制作安装，花饰制作安装等按每层次为一个检验批次
4	建筑屋面	卷材防水屋面	保温层，找平层，卷材防水层，细部构造均按每个单体工程副楼、主楼、裙房三个检验批
		涂膜防水屋面	保温层，找平层，涂膜防水层，细部构造均按每个单体工程副楼、主楼、裙房三个检验批
		刚性屋面	细石混凝土防水层，密封材料嵌缝，细部构造均按每个单体工程副楼、主楼、裙房三个检验批

（一）单位工程的划分

单位工程的划分应按下列原则确定：

（1）具备独立施工条件并能形成独立使用功能的建筑物及构筑物为一个单位工程。如一个学校中的一栋教学楼，某城市的广播电视塔等。

（2）规模较大的单位工程，可将其能形成独立使用功能的部分划分为一个子单位工程。子单位工程的划分一般可根据工程的建筑设计分区、使用功能的显著差异、结构缝的设置等实际情况，在施工前由建设、监理、施工单位自行商定，并据此收集整理施工技术资料和验收。

（3）室外工程可根据专业类别和工程规模划分单位（子单位）工程。室外单位（子单位）工程、分部工程按表 5-3 采用。

室外单位（子单位）工程、分部工程划分表 表 5-3

单位工程	子单位工程	分部（子分部）工程
室外建筑环境	附属建筑	车棚，围墙，大门，挡土墙，垃圾收集站
	室外环境	建筑小品，道路，亭台，连廊，华堂，场坪绿化
室外安装	给排水与采暖	室外给水系统，室外排水系统，室外供热系统
	电气	室外供电系统，室外照明系统

（二）分部工程的划分

（1）分部工程的划分应按专业性质、建筑部位确定。如建筑工程划分为地基与基础、主体结构、建筑装饰装修、建筑屋面、建筑给水排水及采暖、建筑电气、智能建筑、通风与空电梯等九个分部工程。

（2）当分部工程较大或较复杂时，可按施工程序、专业系统及类别等划分为若干个子分部工程，如智能建筑分部工程中就包含了火灾及报警消防联动系统、安全防范系统、综合布线系统、智能化集成系统、电源与接地、环境、住宅（小区）智能化系统等子分部工程。

（三）分项工程的划分

分项工程应按主要工种、材料、施工工艺、设备类别等进行划分。如混凝土结构工程中按主要工种分为模板工程、钢筋工程、混凝土工程等分项工程；按施工工艺又分为预应力、现浇结构、装配式结构等分项工程。

建筑工程分部（子分部）工程、分项工程的具体划分见《建筑工程施工质量验收统一标准》GB 50300—2001。

（四）检验批的划分

分项工程可由一个或若干个检验批组成，检验批可根据施工及质量控制和专业验收需要按楼层、施工段、变形缝等进行划分。建筑工程的地基基础分部工程中的分项工程一般划分为一个检验批；有地下层的基础工程可按不同地下层划分检验批；屋面分部工程中的分项工程不同楼层屋面可划分为不同的检验批；单层建筑工程中的分项工程可按变形缝等划分检验批，多层及高层建筑工程中主体分部的分项工程可按楼层或施工段来划分检验批；其他分部工程中的分项工程一般按楼层划分检验批；对于工程量较少的分项工程可统一化为一个检验批。安装工程一般按一个设计系统或组别划分为一个检验批。室外工程统一划分为一个检验批。散水、台阶、明沟等含在地面检验批中。

第二节 如何进行检验批质量验收？

分项工程是指分部工程的组成部分，是施工图预算中最基本的计算单位。它是按照不同的施工方法、不同材料的不同规格等，将分部工程进一步划分的。例如，钢筋混凝土分部工程，可分为捣制和预制两种分项工程；预制楼板工程，可分为平板、空心板、槽型板等分项工程；砖墙分部工程，可分为眠墙（实心墙）、空心墙、内墙、外墙、一砖厚墙、一砖半厚墙等分项工程。

检验批是按统一的生产条件或按规定的方式汇总起来供检验用的，由一定数量样本组成的检验体。检验批是施工质量验收的最小单位，是分项工程乃至整个建筑工程质量验收的基础。

主控项目是建筑工程中的对安全、卫生、环境保护和公众利益起决定性作用的检验项目。

一般项目是除主控项目以外的项目都是一般项目。

一、检验批质量验收什么？

为了明确检验批质量验收的要点，我们需要了解检验批质量合格的标准：

◆ 主控项目和一般项目的质量经抽样检验合格；

◆ 具有完整的施工操作依据、质量检查记录。

基于此，检验批质量验收的内容如下：

图 5-3　检验批的质量验收内容

（一）资料检查

质量控制资料反映了检验批从原材料到验收的各施工工序的施工操作依据，检查情况以及保证质量所必需的管理制度等。对其完整性的检查，实际是对过程控制的确认，这是检验批合格的前提。所要检查的资料主要包括：

（1）图纸会审、设计变更、洽商记录；

（2）建筑材料、成品、半成品、建筑构配件、器具和设备的质量证明书及进场检（试）验报告；

（3）工程测量、放线记录；

（4）按专业质量验收规范规定的抽样检验报告；

（5）隐蔽工程检查记录；

（6）施工过程记录和施工过程检查记录；

（7）材料、新工艺的施工记录；

（8）质量管理资料和施工单位操作依据等。

（二）主控项目的检验

主控项目是对检验批的基本质量起决定性影响的检验项目，因此必须全部符合有关专业工程验收规范的规定。这意味着主控项目不允许有不符合要求的检验结果，即这种项目的检查具有否决权。鉴于主控项目对基本质量的决定性影响，从严要求是必须的。

如混凝土结构工程中混凝土分项工程的配合比设计其主控项目要求：混凝土应按国家

现行标准《普通混凝土配合比设计规程》JCJ 55 的有关规定，根据混凝土强度等级、耐久性和工作性等要求进行配合比设计。对有特殊要求的混凝土，其配合比设计尚应符合国家现行有关标准的专门规定。其检验方法是检查配合比设计资料。

（三）一般项目的检验

一般项目则可按专业规范的要求处理。

如混凝土结构工程中首次使用的混凝土配合比应进行开盘鉴定，其工作性应满足设计配合比的要求。开始生产时应至少留置一组标准养护试件，作为验证配合比的依据。并通过检查开盘鉴定资料和试件强度试验报告进行检验。混凝土拌制前，应测定砂、石含水率并根据测试结果调整材料用量，提出施工配合比，并通过检查含水率测试结果和施工配合比通知单进行检查，每工作班检查一次。

二、分项工程质量验收什么？

分项工程的验收在检验批的基础上进行，一般情况下，两者具有相同或相近的性质，只是批量的大小不同而已。因此，将有关的检验批汇集构成分项工程。分项工程合格质量的条件比较简单，只要构成分项工程的各检验批的验收资料文件完整，并且均已验收合格，则分项工程验收合格：

（1）分项工程所含的检验批均应符合合格质量规定；

（2）分项工程所含的检验批的质量验收记录应完整。

三、检验批及分项工程质量验收由谁来组织？

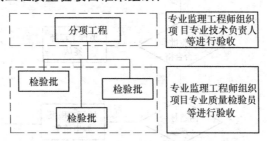

图 5-4　检验批及分项工程质量验收组织者

四、检验批及分项工程质量验收的流程

【示例 5-2】

铁路建设项目检验批验收流程[1]

铁路建设工程包含轨道工程、路基工程、桥涵工程、隧道工程、给排水工程、站场工程、通信工程、信号工程、电力工程、电力及牵引供电工程及房建工程等 n 个工程类别。

对每个工程类别而言，在其施工过程中，一个构筑物的施工，一个系统的安装和调试，从施工准备到完工验收，要经过若干工序、工种的配合施工，包括若干个施工安装阶段，这就需要对各工序、工种及各施工安装阶段的质量进行控制和检验。工程施工质量的好坏，取决于各工序、工种的操作质量及各施工安装阶段的质量控制。为了便于控制、检

---

[1]　本案例来源：唐源洁. 铁路建设工程检验批数据特征分析与应用研究［D］. 北京交通大学，2010.6.

查每个工序、工种、施工阶段的质量，就需要把整个工程施工过程按不同工序、工种、部位、区段、阶段、系统等划分成不同的单元，即划分成单位工程、分部工程和分项工程，一般情况下分项工程还要划分为若干个检验批。

铁路建设工程检验批检查的过程包括：

1）施工工地自检

2）监理站检查

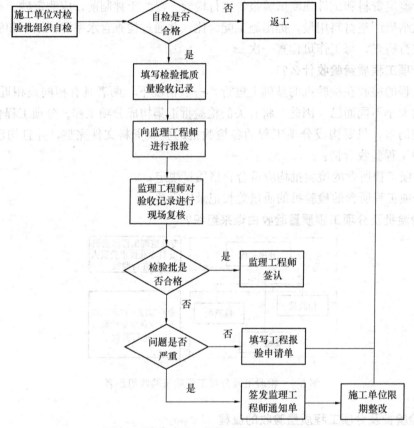

图 5-5　铁路建设工程检验批验收流程图

检验批和分项工程是建筑工程施工质量基础，因此，所有检验批和分项工程均应由监理工程师或建设单位项目技术负责人组织验收。

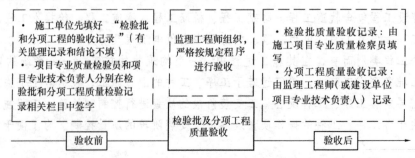

图 5-6　检验批及分项工程质量验收流程

（一）检验批质量验收记录

检验批质量验收记录　　　　　　　　　　　　　　　　　　表 5-4

工程名称		分项工程名称		验收部位	
施工单位			专业工长		项目经理
施工执行标准 名称及编号					
分包单位		分包项目经理		施工班组长	

	质量验收规范的规定	施工单位检查评定记录	监理（建设）单位验收记录
主控项目	1		
	2		
	3		
	4		
	5		
	6		
	7		
一般项目	1		
	2		
	3		
	4		
施工单位检查 评定结果	项目专业质量检查员：　　　　　　　　　　　　　　　　　　年　月　日		
监理（建设）单位 验收结论	监理工程师 （建设单位项目技术负责人）　　　　　　　　　　　　　　　　　年　月　日		

（二）分项工程质量验收记录

分项工程质量验收记录 表 5-5

工程名称		结构类型		检验批数	
施工单位		项目经理		项目技术负责人	
分包单位		分包单位负责人		分包项目经理	
序号	检验批部位、区段	施工单位检查评定结果		监理（建设）单位验收结论	
1					
2					
3					
4					
5					
6					
7					
8					
9					
10					
11					
12					
13					
14					
15					
16					
17					
检查结论	项目专业 项目技术负责人： 年 月 日	验收结论	监理工程师 （建设单位项目专业技术负责人） 年 月 日		

134

第三节 如何进行分部（子分部）工程质量验收？

观感质量：通过观察和必要的量测所反映的工程外在质量。

分部工程：是单位工程的组成部分，分部工程一般是按单位工程的结构形式、工程部位、构件性质、使用材料、设备种类等的不同而划分的工程项目。

一、分部（子分部）工程质量验收什么？

分部工程的验收在其所含各分项工程验收的基础上进行。分部（子分部）工程质量验收应当在满足下列条件时准予合格：

（1）分部（子分部）工程所含分项工程的质量均应验收合格。

（2）质量控制资料应完整。

（3）地基与基础、主体结构和设备安装等分部工程有关安全及功能的检验和抽样检测结果应符合有关规定。

（4）观感质量验收应符合要求。

首先，分部工程的各分项工程必须已验收且相应的质量控制资料文件必须完整，这是验收的基本条件。此外，由于各分项工程的性质不尽相同，因此作为分项工程不能简单地组合而加以验收，尚需增加以下两类检查：

涉及安全和使用功能的地基基础、主体结构、有关安全及重要使用功能的安装分部工程，应进行有关见证取样送样试验或抽样检测。如建筑物垂直度、标高、全高测量记录，建筑物沉降观测测量记录，给水管道通水试验记录，暖气管道、散热器压力试验记录，照明动力全负荷试验记录等；

关于观感质量验收，这类检查往往难以定量，只能以观察、触摸或简单量测的方式进行，并由各个人的主观印象判断，检查结果并不给出"合格"或"不合格"的结论，而是综合给出质量评价。评价的结论为"好"、"一般"和"差"三种。对于"差"的检查点应通过返修处理等进行补救。

二、分部（子分部）工程质量验收由谁来组织？

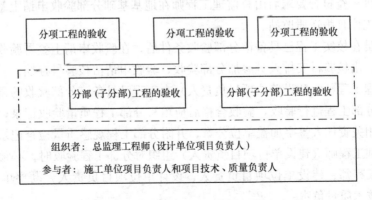

图 5-7 分部（子分部）工程质量验收组织者

由于地基基础、主体结构技术性能要求严格，技术性强，关系到整个工程的安全，因此规定与地基基础、主体结构分部工程相关的勘察、设计单位工程项目负责人和施工单位技术、质量部门负责人也应参加相关分部工程验收。

三、分部（子分部）工程质量验收的流程

（一）验收流程

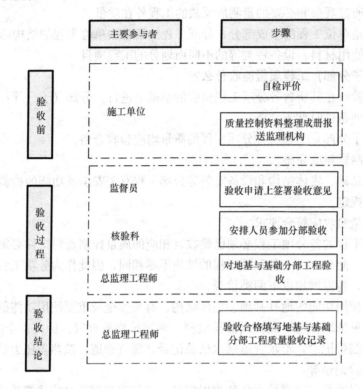

图 5-8 分部工程验收流程

（1）分部（子分部）施工完成后，施工单位项目负责人组织相关人员检查，在自检评定合格后，向监理单位（或建设单位项目负责人）提出分部工程验收的报告。

（2）分部工程验收前，施工单位应将分部工程的质量控制资料整理成册报送项目监理机构审查，监理核查符合要求后由总监理工程师在地基基础分部验收申请上签署意见，并于验收前二个工作日报送质监站。

（3）监督员在核实工程已具备该分部验收条件后，在验收申请上签署验收意见。在站办公室登记后，由核验科安排人员参加分部验收，验收申请留核验科存档。

（4）总监理工程师（建设单位项目负责人）在工程已具备该分部验收的条件下应及时组织参建方对分部工程进行验收，验收合格后应填写分部工程质量验收记录，并签注验收结论和意见，相关责任人签字加盖单位公章，并附分部工程观感质量检查记录。

（5）总监理工程师（建设单位项目负责人）组织对分部工程验收时，必须有以下人员参加：总监理工程师、建设单位项目负责人、设计单位项目负责人、勘察单位项目负责人、施工单位技术质量负责。

（二）分部（子分部）工程质量验收记录

分部（子分部）工程质量应由总监理工程师（建设单位项目专业负责人）组织施工项目经理和有关勘察、设计单位项目负责人进行验收，并按表5-6记录。

_____分部（子分部）工程质量验收记录 　　表 5-6

工程名称		结构类型		层数	
施工单位		技术部门负责人		质量部门负责人	
分包单位		分包单位负责人		分包技术负责人	

序号	分项工程名称	检验批数	施工单位检查评定		验收意见
1					
2					
3					
4					
5					
6					
	质量控制资料				
	安全和功能检验（检测）报告				
	观感质量验收				
验收单位	分包单位		项目经理		年　月　日
	施工单位		项目经理		年　月　日
	勘察单位		项目经理		年　月　日
	设计单位		项目经理		年　月　日
	监理（建设）单位		总监理工程师 （建设单位项目专业负责人）		年　月　日

第四节 如何进行单位工程质量验收？

单位工程：具有独立的设计文件，具备独立施工条件并能形成独立使用功能，但竣工后不能独立发挥生产能力或工程效益的工程，是构成单项工程的组成部分。

一、单位（子单位）工程质量验收什么？

单位工程的验收是建筑工程投入使用前的最后一次验收，也是最重要的一次验收。单位（子单位）工程质量验收应当在满足下列条件时准予合格：

◆ 单位（子单位）工程所含分部（子分部）工程的质量应验收合格；

◆ 质量控制资料应完整；

◆ 单位（子单位）工程所包含分部工程有关安全和功能的检验资料应完整；

◆ 主要功能项目的抽查结果应符合相关专业质量验收规范的规定；

◆ 观感质量验收应符合要求。

二、单位工程质量验收由谁来组织？

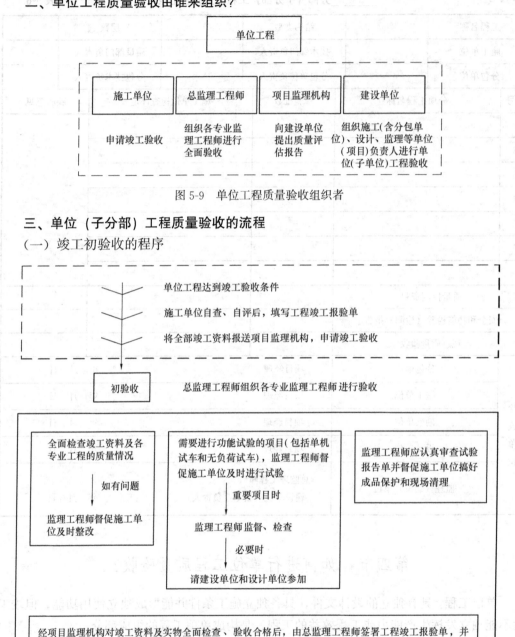

图 5-9 单位工程质量验收组织者

三、单位（子分部）工程质量验收的流程

（一）竣工初验收的程序

图 5-10 单位工程质量竣工初验收流程

（二）正式验收

在一个单位工程中，对满足生产要求或具备使用条件，施工单位已预验，监理工程师已初验通过的子单位工程，建设单位可组织进行验收。有几个施工单位负责施工的单位工程，当其中的施工单位所负责的子单位工程已按设计完成，并经自行检验，也可组织正式验收，办理交工手续。在整个单位工程进行全部验收时，已验收的子单位工程验收资料应

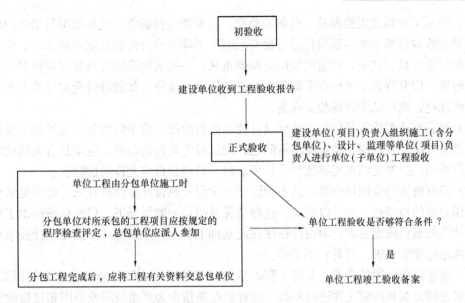

图 5-11　单位工程质量竣工正式验收流程

作为单位工程验收的附件。在竣工验收时，对某些剩余工程和缺陷工程，在不影响交付的前提下，经建设单位、设计单位、施工单位和监理单位协商，施工单位应在竣工验收后的限定时间内完成。参加验收各方对工程质量验收意见不一致时，可请当地建设行政主管部门或工程质量监督机构协调处理。

（1）建设工程竣工验收应具备的条件

- 完成建设工程设计和合同约定的各项内容；
- 有完整的技术档案和施工管理资料；
- 有工程使用的主要建筑材料、建筑构配件和设备的进场试验报告；
- 有勘察、设计、施工、工程监理等单位分别签署的质量合格文件；
- 有施工单位签署的工程保修书。

（2）单位工程竣工验收备案

单位工程质量验收合格后，建设单位应在规定时间内将工程竣工验收报告和有关文件，报建设行政管理部门备案。

- 凡在中华人民共和国境内新建、扩建、改建各类房屋建筑工程和市政基础设施工程的竣工验收，均应按有关规定进行备案。

- 国务院建设行政主管部门和有关专业部门负责全国工程竣工验收的监督管理工作。县级以上地方人民政府建设行政主管部门负责本行政区域内工程的竣工验收备案管理工作。

第五节　验收阶段工程项目返修及保修

一、工程施工质量不符合要求时如何处理？

一般情况下，不合格现象在检验批的验收时就应发现并及时处理，所有质量隐患必须尽快消灭在萌芽状态，否则将影响后续检验批和相关的分项工程、分部工程的验收。但非正常情况可按下述规定进行处理：

（1）经返工重做或更换器具、设备检验批，应重新进行验收。这种情况是指主控项目不能满足验收规范规定或一般项目超过偏差限制的子项不符合检验规定的要求时，应及时进行处理的检验批；其中，严重的缺陷应推倒重来；一般的缺陷通过返修或更换器具、设备予以解决，应允许施工单位在采取相应的措施后重新验收。如能够符合相应的专业工程质量验收规范，则应认为该检验批合格。

（2）经有资质的检测单位鉴定达到设计要求的检验批，应予以验收。这种情况是指个别检验批发现试块强度等不满足要求等问题，难以确定是否验收时，应请具有资质的法定检测单位检测，当鉴定结果能够达到设计要求时，该检验批应允许通过验收。

（3）经有资质的检测单位鉴定达不到设计要求但经原设计单位核算认可能满足结构安全和使用功能的检验批，可予以验收。这种情况是指，一般情况下，规范标准给出了满足安全和功能的最低限度要求，而设计往往在此基础上留有一些余量。不满足设计要求和符合相应规范标准的要求，两者并不矛盾。

（4）经返修或加固的分项、分部工程，虽然改变外形尺寸但仍能满足安全使用要求，可按技术处理方案和协商文件进行验收。这种情况是指更为严重缺陷或范围超过检验批的更大范围内的缺陷可能影响结构的安全性和使用功能。如经法定检测单位检测鉴定以后认为达不到规范标准的相应要求，即不能满足最低限度的安全储备和使用功能，则必须按一定的技术方案进行加固处理，使之能保证其满足安全使用的基本要求。这样会造成一些永久性的缺陷，如改变结构的外形尺寸，影响一些次要的使用功能等。为了避免社会财富更大的损失，在不影响安全和主要使用功能条件下可按处理技术方案和协商文件进行验收，但不能作为轻视质量而回避责任的一种出路，这是应该特别注意的。

（5）通过返修或加固仍不能满足安全使用要求的分部工程、单位（子单位）工程，严禁验收。

二、工程保修期质量问题如何处理？

● 工程保修期限

根据《建设工程质量管理条例》第 40 条，在正常使用条件下，建设工程的最低保修期限为：

（1）基础设施工程/房屋建筑的地基基础工程和主体结构工程，为设计文件规定的该工程的合理使用年限。

（2）屋面防水工程、有防水要求的卫生间/房间和外墙面的防渗漏，为 5 年。

（3）供热与供冷系统，为 2 个采暖期、供冷期。

（4）电气管线/给排水管道、设备安装为 2 年。

（5）装修工程为 2 年。

其他项目的保修期限由发包方与承包方约定。房屋建筑工程的保修期，自竣工验收合格之日起计算。

● 工程质量保修期

《建设工程质量管理条例》第 6 章对建设工程的质量保修制度做了规定。建设工程实行质量保修制度。建设工程承包单位在向业主提交工程竣工验收报告时，应当向业主出具质量保修书。质量保修书中应当明确建设工程的保修范围/保修期限和保修责任等。一旦出现质量问题，业主即可依据此质量保证书，请求施工单位履行保修义务。

建设部、国家工商行政管理局联合颁发《房屋建筑工程质量保修书（示范文本）》（建〔2000〕185号），规定与《建设工程施工合同（示范文本）》一并推行，该文本内容如下：

房屋建筑工程质量保修书

（示范文本）

发包人（全称）：＿＿＿＿＿＿＿＿

承包人（全称）：＿＿＿＿＿＿＿

发包人、承包人根据《中华人民共和国建筑法》、《建设工程质量管理条例》和《房屋建筑工程质量保修办法》，经协商一致，对＿＿＿＿＿＿（工程全称）签订工程质量保修书。

一、工程质量保修书范围和内容

承包人在质量保修期内，按照有关法律、法规、规章的管理规定和双方约定，承担本工程质量保修责任。

质量保修范围包括地基基础工程，主体结构工程，房屋防水工程，有防水要求的卫生间、房间和外墙面的外渗漏，供热与供冷系统，电气管线，给排水管道，设备安装和装修工程，以及双方约定的其他项目。具体保修的内容，双方约定如下：

＿＿＿

＿＿＿＿＿＿＿＿＿＿＿＿＿＿＿＿＿＿＿＿＿＿＿＿＿＿＿＿＿＿＿＿＿＿＿。

二、质量保修期

上方根据《建设工程质量管理条例》及有关规定，约定本工程的质量保修期如下：

1. 地基基础工程和主体结构工程为设计文件规定的该工程合理使用年限。

2. 屋面防水工程、有防水要求的卫生间、房间和外墙面的防渗漏为＿＿＿＿＿＿年；

3. 装修工程为＿＿＿＿＿＿年；

4. 电气管线、给排水管道、设备安装工程为＿＿＿＿＿＿年；

5. 供热与供冷系统为＿＿＿＿＿＿个采暖期、供冷期；

6. 住宅小区内的给排水设施、道路等配套工程为＿＿＿＿＿＿年；

7. 其他项目保修期限约定如下：

＿＿＿

＿＿＿＿＿＿＿＿＿＿＿＿＿＿＿＿＿＿＿＿＿＿＿＿＿＿＿＿＿＿＿。

质量保修期自工程竣工验收合格之日起计算。

三、质量保修责任

1. 属于保修范围、内容的项目，承包人应当在接到保修通知之日起7天内保修。承包人不在约定期限内派人保修的，发包人可以委托他人修理。

2. 发生紧急抢修事故的，承包人在接到事故通知后，应当立即到达事故现场抢修。

3. 对于设计结构安全的质量问题，应当按照《房屋建筑工程质量保修办法》的规定，立即向当地建设行政主管部门报告，采取安全防范措施；由原设计单位或者具有相应资质等级的设计单位提出保修方案，承包人实施保修。

4. 质量保修完成后，由发包人组织验收。

四、保修费用

保修费用由造成质量缺陷的责任方承担。

五、其他

双方约定的其他工程质量保修事项：

＿＿＿

＿＿＿＿＿＿＿＿＿＿＿＿＿＿＿＿＿＿＿＿＿＿＿＿＿＿＿＿＿＿。

本工程质量保修书，由施工合同发包人、承包人双方在竣工验收前共同验收前共同签署，作为施工合同附件，其有效期限至保修期满。

发包人（公章）：　　　　　　　　　　　　承包人（公章）：

法定代表人（签字）：　　　　　　　　　　法定代表人（签字）

年　　月　　日　　　　　　　　　　　　　年　　月　　日

● 工程保修期质量问题的处理

根据《房屋建筑工程质量保修办法》规定，房屋建筑工程在保修期间内出现质量缺陷，建设单位或者房屋建筑所有人应当向施工承包单位发出保修通知。施工承包单位接到保修通知后，应当到现场核查情况，在保修书约定的时间内予以保修。发生涉及结构安全或者严重影响使用功能的紧急抢修事故，施工承包单位接到保修通知后，应当立即到达现场抢修。

发生涉及结构安全的质量缺陷，建设单位或者房屋建筑所有人应当立即向当地建设行政主管部门报告，采取安全防范措施；由原设计单位或者具有相应资质等级的设计单位提出保修方案，施工承包单位实施保修，原工程质量监督机构负责监督。

保修完成后，由建设单位或者房屋建筑所有人组织验收。涉及结构安全的，应当报当地建设行政主管部门备案。

施工单位不按工程质量保修书约定保修的，建设单位可以另行委托其他单位保修，由原施工单位承担相应责任。

根据《房屋建筑工程质量保修办法》规定，保修费用由质量缺陷的责任方承担。

在保修期内，因房屋建筑工程质量缺陷造成房屋所有人、使用人或者第三方人身、财产损害的，房屋所有人、使用人或者第三方可以向建设单位提出赔偿要求。建设单位向造成房屋建筑工程质量缺陷的责任方追偿。

因保修不及时造成新的人身、财产损害，或者造成拖延的责任方承担赔偿责任。

房地产开发企业售出的商品房保修，还应当执行《城市房地产开发经营管理条例》和其他有关规定。

复 习 思 考 题

一、选择题

1. （　　）是施工质量验收的最小单位，是质量验收的基础。

A. 检验批　　　　　　B. 分项工程　　　　　C. 子分部工程　　　　D. 分部工程

2. 在工程质量的检查评定和验收中，检验批合格质量主要取决于（　　）的抽样检验结果。

A. 主控项目和一般项目　　　　　　　　B. 保证项目和基本项目

C. 保证项目和一般项目　　　　　　　　D. 主控项目和允许偏差项目

3. 抽样检查中，将不合格判定为合格品的概率为（　　　）

A. 第一判断错误　　　　　　　　　　　B. 第二判断错误

C. 供方风险　　　　　　　　　　　　　D. 用户风险

4. 在以下四分类中，模板工程一般属于（　　　）。

A. 检验批　　　　　　B. 分项工程　　　　　C. 分部工程　　　　　D. 单位工程

5. 检验批和分项工程均由监理工程师或（　　　）组织验收

A. 项目经理　　　　　　　　　　　　　B. 建设单位项目技术负责人

C. 项目总工　　　　　　　　　　　　　D. 建设单位项目负责人

6. 单位工程划分的基本原则是按（　　　）确定。

A. 具备独立施工条件并能形成独立使用功能的建筑物或构筑物

B. 专业性质、专业部位

C. 施工程序、专业系统及类别

D. 主要工种、材料、施工工艺、设备等

7. 单位工程质量验收记录表中，验收记录和验收结论分别由（　　）填写。

A. 监理（建设）单位、施工单位

B. 施工单位、监理（建设）单位

C. 设计单位、质监站

D. 施工单位、质监站

8. 工程质量不符合要求时，经有资质的检测单位鉴定达到设计要求的检验批，应（　　）。

A. 予以验收　　　　　　　　　　B. 返工重做后才能验收

C. 严禁验收　　　　　　　　　　D. 拒绝验收

9. 在正常使用条件下，屋面防水工程的最低保修期限为（　　）。

A. 一年

B. 二年

C. 五年

D. 设计文件规定的合理使用年限

10. 分项工程质量合格的验收条件为（　　）。（多选）

A. 含分项工程的质量军验收合格

B. 检验批的质量验收记录应完整

C. 观感质量验收符合要求

D. 主要功能项目的抽查结果符合相关专业质量验收规范的规定

E. 含检验批的质量均验收合格

11. 建设工程施工质量检查评定验收的基本内容包括（　　）。（多选）

A. 分部分项工程内容的抽样检查

B. 施工质量保证资料的检查

C. 工程外观质量的检查

D. 工序质量的检查

E. 单位工程质量的检查

二、简答题

1. 工程质量不符合要求时应如何处理？

2. 分项工程验收合格的标准是什么？

选择题参考答案

1. A；2. A；3. D；4. B；5. B；6. A；7. B；8. A；9. C；10. BE；11. ABC

第六章　工程质量问题与质量事故的处理

【开篇案例】

上海市莲花南路倒楼事件[①]

上海 2009 年的倒楼事件，2009 年 6 月 27 日 5 时 30 分许，上海市莲花南路莲花河畔小区一幢在建的 13 层楼房倒塌，造成一名工人死亡，直接经济损失人民币 1946 万余元。

事故的直接原因是紧贴 7 号楼北侧在短期内堆土过高，最高处达 10m 左右。与此同时，紧临大楼南侧的地下车库基坑正在开挖，开挖深度达 4.6m。大楼两侧的压力差使土体产生水平位移，过大的水平力超过了桩基的抗侧能力，导致房屋倾倒。

事故的间接原因主要有以下六项：

（1）土方堆放不当：在未对天然地基进行承载力计算的情况下，建设单位随意指定将开挖土方短时间内集中堆放于 7 号楼北侧；

（2）开挖基坑违反相关规定：土方开挖单位，在未经监理方同意、未进行有效监测，不具备相应资质的情况下，也没有按照相关技术要求开挖基坑；

（3）监理不到位：监理方对建设方、施工方的违法、违规行为未进行有效处置，对施工现场的事故隐患未及时报告；

（4）管理不到位：建设单位管理混乱，违章指挥，违法指定施工单位，压缩施工工期；总包单位未予以及时制止；

（5）安全措施不到位：施工方对基坑开挖及土方处置未采取专项防护措施；

（6）围护桩施工不规范：施工方未严格按照相关要求组织施工，施工速度快于规定的技术标准要求。

事故的处理：建设单位梅都房地产公司、总包单位众欣建筑公司，对事故发生负有主要责任；土方开挖单位索途清运公司，对事故发生负有直接责任；基坑围护及桩基工程施工单位胜腾基础公司，对事故发生负有一定责任。

第一节　如何处理工程质量问题？

【示例 6-1】

某建设小区居民楼工程质量问题原因分析[②]

某建设小区居民楼的布置为由北向南分别为 12 层、10 层、7 层和 5 层共 4 排，地下

[①] 本案例来源：杨东升. 建筑物变形观测的意义［J］. 施工技术，2010，6.

[②] 本案例来源：刘宪文，吴琼，刘冀英. 建设工程监理案例解析 300 例［M］. 北京：机械工业出版社，2008.

设立二层平时为车库、娱乐室，战时为人防工程。

由于施工单位的技术素质太低，在地下车库工程施工阶段发现严重质量事故，在混凝土墙体拆模时发现多处空洞，直径达 300mm 左右，并且地下车库门上的过梁漏设。对这起质量事故总监理工程师十分重视。

工程拆模发现空洞、漏筋的原因有以下几个方面：

(1) 混凝土级配不合理，有大石块卡在钢筋间隙中，使混凝土很难充满各个空间；

(2) 局部钢筋过密，设计不合理；

(3) 混凝土坍落度过小，砂率太低；

(4) 振捣工经验不足，漏振、过振；

(5) 模板缝隙太大，浆液流失严重；

(6) 车库门上过梁漏设，技术部门识图能力差。

一、什么是工程质量问题？

根据国际标准化组织（ISO）和我国有关质量、质量管理和质量保证标准的定义，凡工程产品质量没有满足某个规定的要求，就称之为质量不合格。根据 1989 年建设部颁布的第 3 号令《工程建设重大事故报告和调查程序规定》和 1990 年建设部建工字第 55 号文件关于第 3 号部令有关问题的说明：凡是工程质量不合格，必须进行返修、加固或报废处理，由此造成直接经济损失低于 5000 元的称为质量问题。

工程质量问题的成因：

由于建筑工程工期较长，所用材料品种繁杂；在施工过程中，受社会环境和自然条件方面异常因素的影响；使产生的工程质量问题表现形式千差万别，类型多种多样。这使得引起工程质量问题的成因也错综复杂，往往一项质量问题是由于多种原因引起。虽然每次发生质量问题的类型各不相同，但是通过对大量质量问题调查与分析发现，其发生的原因有不少相同或相似之处，归纳其最基本的因素主要有以下几方面：

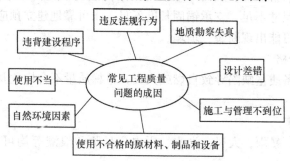

图 6-1 常见工程质量问题的成因

(1) 违背建设程序

建设程序是工程项目建设过程及其客观规律的反映，不按建设程序办事，例如，未搞清地质情况就仓促开工；边设计、边施工；无图施工；不经竣工验收就交付使用等常是导致工程质量问题的重要原因。

(2) 违反法规行为

例如，无证设计；无证施工；越级设计；越级施工；工程招、投标中的不公平竞争；

超常的低价中标；非法分包；转包、挂靠；擅自修改设计等行为。

（3）地质勘察失真

诸如，未认真进行地质勘察或勘探时钻孔深度、间距、范围不符合规定要求，地质勘察报告不详细、不准确、不能全面反映实际的地基情况等，从而使得地下情况不清，或对基岩起伏、土层分布误判，或未查清地下软土层、墓穴、孔洞等，它们均会导致采用不恰当或错误的基础方案，造成地基不均匀沉降、失稳，使上部结构或墙体开裂、破坏，或引发建筑物倾斜、倒塌等质量问题。

（4）设计差错

诸如，盲目套用图纸，采用不正确的结构方案，计算简图与实际受力情况不符，荷载取值过小，内力分析有误，沉降缝或变形缝设置不当，悬挑结构未进行抗倾覆验算，以及计算错误等，都是引发质量问题的原因。

（5）施工管理不到位

不按图施工或未经设计单位同意擅自修改设计。例如，将铰接做成刚接，将简支梁做成连续梁，导致结构破坏；挡土墙不按图设滤水层、排水孔，导致压力增大，墙体破坏或倾覆；不按有关的施工规范和操作规程施工，浇筑混凝土时振捣不良，造成薄弱部位；砖砌体砌筑上下通缝，灰浆不饱满等均能导致砖墙或砖柱破坏。施工组织管理紊乱，不熟悉图纸，盲目施工；施工方案考虑不周，施工顺序颠倒；图纸未经会审，仓促施工；技术交底不清，违章作业；疏于检查、验收等，均可能导致质量问题。

（6）使用不合格的原材料、制品及设备

1）建筑材料及制品不合格

诸如，钢筋物理力学性能不良会导致钢筋混凝土结构产生裂缝；骨料中活性氧化硅会导致碱骨料反应使混凝土产生裂缝；水泥安定性不合格会造成混凝土爆裂；水泥受潮、过期、结块，砂石含泥量及有害物含量超标，外加剂掺量等不符合要求时，会影响混凝土强度、和易性、密实性、抗渗性，从而导致混凝土结构强度不足、裂缝、渗漏等质量问题。此外，预制构件截面尺寸不足，支承锚固长度不足，未可靠地建立预应力值，漏放或少放钢筋，板面开裂等均可能出现断裂、坍塌。

2）建筑设备不合格

诸如，变配电设备质量缺陷导致自燃或火灾，电梯质量不合格危及人身安全，均可造成工程质量问题。

（7）自然环境因素

空气温度、湿度、暴雨、大风、洪水、雷电、日晒和浪潮等均可能成为质量问题的诱因。

（8）使用不当

对建筑物或设施使用不当也易造成质量问题；例如，未经校核验算就任意对建筑物加层；任意拆除承重结构部位；任意在结构物上开槽、打洞、削弱承重结构截面等也会引起质量问题。

二、如何处理工程质量问题

（1）工程质量问题的分析

由于影响工程质量的因素众多，一个工程质量问题的实际发生，既可能因设计计算和施工图纸中存在错误，也可能因施工中出现不合格或质量问题，也可能因使用不当，或者由于设计、施工甚至使用、管理、社会体制等多种原因的复合作用。要分析究竟是哪种原因所引起，必须对质量问题的特征表现，以及其在施工中和使用中所处的实际情况和条件进行具体分析。分析方法很多，但其基本步骤可概括如下：

1）进行细致的现场调查研究，观察记录全部实况，充分了解与掌握引发质量问题的现象和特征。

2）收集调查与质量问题有关的全部设计和施工资料，分析摸清工程在施工或使用过程中所处的环境及面临的各种条件和情况；

3）找出可能产生质量问题的所有因素；

4）分析、比较和判断，找出最可能造成质量问题的原因；

5）进行必要的计算分析或模拟试验予以论证确认。

（2）工程质量问题的处理

在各项工程的施工过程中或完工以后，现场监理人员如发现工程项目存在着不合格项或质量问题，应根据其性质和严重程度进行处理：

1）质量问题的萌芽控制：当施工不当而引起质量问题处于萌芽状态时，应及时制止，并要求施工单位立即更换不合格材料、设备或不称职人员，或要求施工单位立即改变不正确的施工方法和操作工艺。

2）质量问题出现的控制：当因施工而引起的质量问题已出现时，应立即向施工单位发出《监理通知》；要求其对质量问题进行补救处理，并采取足以保证施工质量的有效措施后，填报《监理通知回复单》报监理单位。

3）各工序或分项工程之间衔接时的质量控制：当某道工序或分项工程完工以后，出现不合格项，监理工程师应填写《不合格项处置记录》，要求施工单位及时采取措施予以整改。监理工程师应对其补救方案进行确认，跟踪处理过程，对处理结果进行验收，否则不允许进行下道工序或分项的施工。

4）交工使用后的保修期内的质量问题的处理：在交工使用后的保修期内发现的施工质量问题，监理工程师应及时签发《监理通知》，指令施工单位进行修补、加固或返工处理。

（3）处理程序

当发现工程质量问题时，监理工程师应按照工程质量问题的处理程序框图进行处理。

1）发现质量问题签发《监理通知》，必要时签发《工程暂停令》；

2）相关单位提出处理方案；

3）施工单位接到《监理通知》后，在监理工程师的组织参与下，尽快进行质量问题调查并完成报告编写。调查的主要目的是明确质量问题的范围、程度、性质、影响和原因，为问题处理提供依据，调查应力求全面、详细、客观准确；

4）监理工程师审核、分析质量问题调查报告。监理工程师审核、分析质量问题调查报告，判断和确认质量问题产生的原因；

5）监理工程师审核签认质量问题处理方案。在原因分析的基础上，认真审核签认质量问题处理方案。监理工程师审核确认处理方案应牢记：安全可靠，不留隐患，满足建筑物的功能和使用要求，技术可行，经济合理原则。针对确认不需专门处理的质量问题，应

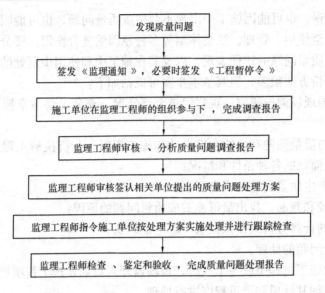

图 6-2 工程质量问题处理程序

能保证它不构成对工程安全的危害，且满足安全和使用要求，并必须征得设计和建设单位的同意；

6）监理工程师跟踪检查。指令施工单位按既定的处理方案实施处理并进行跟踪检查。发生的质量问题不论是否由于施工单位原因造成，通常都是先由施工单位负责实施处理。对因设计单位原因等非施工单位责任引起的质量问题，应通过建设单位要求设计单位或责任单位提出处理方案，处理质量问题所需的费用或延误的工期，由责任单位承担，若质量问题属施工单位责任，施工单位应承担各项费用损失和合同约定的处罚，工期不予顺延；

7）检查、鉴定和验收。质量问题处理完毕，监理工程师应组织有关人员对处理的结果进行严格的检查、鉴定和验收，写出质量问题处理报告，报建设单位和监理单位存档。

质量问题处理报告主要内容包括：

①本处理过程描述；

②调查与核查情况，包括调查的有关数据、资料；

③原因分析结果；

④处理的依据；

⑤审核认可的质量问题处理方案；

⑥实施处理中的有关原始数据、验收记录、资料；

⑦对处理结果的检查、鉴定和验收结论；

⑧质量问题处理结论。

第二节 如何处理工程质量事故？

一、工程质量事故是什么？

（一）工程质量事故特点

工程质量事故：直接经济损失在 5000 元（含 5000 元）以上的。

建筑产品的生产不同于一般工业产品，由于设计错误，材料，设备不合格，施工方法错误，指挥不当等原因均可能导致各种工程质量事故。工程质量事故具有复杂性、严重性、可变性和多发性的特点。

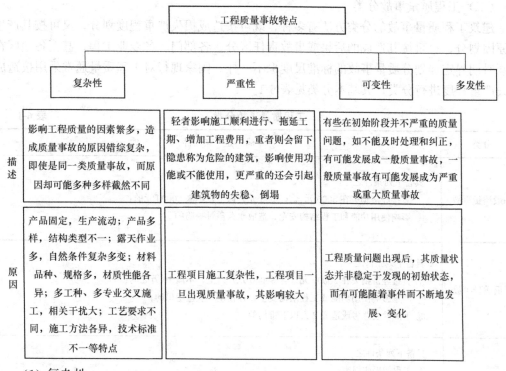

（1）复杂性

例如，就钢筋混凝土楼板开裂质量事故而言，其产生的原因就可能是：设计计算有误；结构构造不良；地基不均匀沉陷；或是温度应力变形、地震力、膨胀力、冻涨力的作用，也可能是施工质量低劣、偷工减料或材质不良等等。所以使得对质量事故进行分析、判断其性质、原因及发展、确定处理方案与措施等都增加了复杂性及困难。

（2）严重性

例如，1995年韩国汉城三蜂百货大楼出现倒塌事故死亡达400余人，在其国内外造成很大影响，甚至导致人心恐慌，韩国国际形象下降；1999年我国重庆市秦江县彩虹大桥突然整体垮塌，造成40人死亡，14人受伤，直接经济损失631万元，在国内一度成为人们关注的热点，引起全社会对建设工程质量整体水平的怀疑，构成社会不安定因素。所以对于建设工程质量问题和质量事故均不能掉以轻心，必须予以高度重视。

（3）可变性

例如，桥墩的超量沉降可能随上部荷载的不断增大而继续发展；混凝土结构出现的裂缝可能随环境温度的变化而变化，或随荷载的变化及负担荷载的时间而变化等。

例如，开始时微细的裂缝有可能发展导致结构断裂或倒塌事故；土坝的涓涓渗漏有可能发展为溃坝。所以，在分析、处理工程质量问题时，一定要注意质量问题的可变性，应及时采取可靠的措施，防止其进一步恶化而发生质量事故；或加强观测与测试，取得数据，预测未来发展的趋势。

（4）多发性

建设工程中的质量事故，往往在一些工程部位中经常发生。例如，悬挑梁板断裂、雨篷坍覆、钢屋架失稳等。因此，总结经验，吸取教训，采取有效措施予以预防十分必要。

（二）工程质量事故分类

建筑工程质量事故的分类方法有多种，既可按造成损失严重程度划分，又可按其产生的原因划分，也可按其造成的后果或事故责任区分。各部门、各专业工程，甚至各地区在不同时期界定和划分质量事故的标准尺度也不一样。国家现行对工程质量通常采用按造成损失严重程度进行分类，其基本分类见表6-1。

工程质量事故分类   表 6-1

分类	满足条件		
一般质量事故	具备下列条件之一： ① 直接经济损失在5000元（含5000元）以上，不满50000元的； ② 影响使用功能和工程结构安全，造成永久质量缺陷的		
严重质量事故	具备下列条件之一： ① 直接经济损失在50000元（含50000元）以上，不满10万元的； ② 严重影响使用功能或工程结构安全，存在重大质量隐患的； ③ 事故性质恶劣或造成2人以下重伤的		
重大质量事故	具备下列条件之一： ① 工程倒塌或报废； ② 由于质量事故，造成人员死亡或重伤3人以上； ③ 直接经济损失10万元以上		
	等级	伤亡人数或直接经济损失	
	一级	30人以上	300万元以上
	二级	10～29人	100～300万元
	三级	死亡3～9人或重伤20以上	30～100万元
	四级	死亡2人以下或重伤3～19人	10～30万元
特别重大事故	具备国务院发布的《特别重大事故调查程序暂行规定》所列条件之一： ① 发生一次死亡30人及其以上； ② 直接经济损失达500万元及其以上； ③ 其他性质特别严重		

二、工程质量事故如何处理?

（一）工程质量事故处理依据

进行工程质量事故处理的主要依据有四个方面：质量事故的实况资料；具有法律效力的、得到有关当事各方认可的工程承包合同、设计委托合同、材料或设备购销合同以及监理合同或分包合同等合同文件；有关的技术文件、档案和相关的建设法规。

在这四方面依据中，前三种是与特定的工程项目密切相关的具有特定性质的依据。第四种法规性依据，是具有很高权威性、约束性、通用性和普遍性的依据，因而它在工程质量事故的处理事务中，也具有极其重要的、不容置疑的作用。现将这四方面依据详述如下：

（1）质量事故的实况资料

要搞清质量事故的原因和确定处理对策，首要的是要掌握质量事故的实际情况。有关质量事故实况的资料主要可来自以下几个方面。

1）施工单位的质量事故调查报告

质量事故发生后，施工单位有责任就所发生的质量事故进行周密的调查、研究掌握情况，并在此基础上写出调查报告，提交监理工程师和业主。在调查报告中首先就与质量事故有关的实际情况做详尽的说明，其内容应包括：

①质量事故发生的时间、地点。

②质量事故状况的描述。例如，发生的事故类型（如混凝土裂缝、砖砌体裂缝）；发生的部位（如楼层、梁、柱、及其所在的具体位置）；分布状态及范围；严重程度（如裂缝长度、宽度、深度等）。

③质量事故发展变化的情况（其范围是否继续扩大，程度是否已经稳定等）。

④有关质量事故的观测记录、事故现场状态的照片或录像。

2）监理单位调查研究所获得的第一手资料

其内容大致与施工单位调查报告中有关内容相似，可用来与施工单位所提供的情况对照、核实。

（2）有关合同及合同文件

1）所涉及的合同文件可以是：工程承包合同；设计委托合同；设备与器材购销合同；监理合同等。

2）有关合同和合同文件在处理质量事故中的作用是：确定在施工过程中有关各方是否按照合同有关条款实施其活动，借以探寻产生事故的可能原因。例如，施工单位是否在规定时间内通知监理单位进行隐蔽工程验收，监理单位是否按规定时间实施了检查验收；施工单位在材料进场时，是否按规定或约定进行了检验等。此外，有关合同文件还是界定质量责任的重要依据。

（3）有关的技术文件和档案

1）有关的设计文件

如施工图纸和技术说明等。它是施工的重要依据。在处理质量事故中，其作用一方面是可以对照设计文件，核查施工质量是否完全符合设计的规定和要求；另一方面是可以根据所发生的质量事故情况，核查设计中是否存在问题或缺陷，成为导致质量事故的一方面原因。

2）与施工有关的技术文件、档案和资料

属于这类文件、档案有：

①施工组织设计或施工方案、施工计划。

②施工记录、施工日志等。根据它们可以查对发生质量事故的工程施工时的情况，如：施工时的气温、降雨、风、浪等有关的自然条件；施工人员的情况；施工工艺与操作

过程的情况；使用的材料情况；施工场地、工作面、交通等情况；地质及水文地质情况等。借助这些资料可以追溯和探寻事故的可能原因。

③有关建筑材料的质量证明资料。例如，材料批次、出厂日期、出厂合格证或检验报告、施工单位抽检或试验报告等。

④现场制备材料的质量证明资料。例如，混凝土拌和料的级配、水灰比、坍落度记录；混凝土试块强度试验报告，沥青拌和料配比、出机温度和摊铺温度记录等。

⑤质量事故发生后，对事故状况的观测记录、试验记录或试验报告等。例如，对地基沉降的观测记录；对建筑物倾斜或变形的观测记录；对地基钻探取样记录与试验报告；对混凝土结构物钻取试样的记录与试验报告等。

⑥其他有关资料上述各类技术资料对于分析质量事故原因，判断其发展变化趋势，推断事故影响及严重程度，考虑处理措施等都是不可缺少的，起着重要的作用。

（4）相关的建设法规

1998年3月1日《中华人民共和国建筑法》颁布实施，对加强建筑活动的监督管理，维护市场秩序，保证建设工程质量提供了法律保障。这部工程建设和建筑业的大法的实施，标志着我国工程建设和建筑业进入了法制管理新时期。通过几年的发展，国家已基本建立起以《建筑法》为基础与社会主义市场经济体制相适应的工程建设和建筑业法规体系，包括法律、法规、规章及示范文本等。与工程质量及质量事故处理有关的有以下几类，简述如下。

1）勘察、设计、施工、监理等单位资质管理方面的法规

《建筑法》明确规定"国家对从事建筑活动的单位实行资质审查制度"。这方面的法规有建设部于2001年以部令发布的《建设工程勘察设计企业资质管理规定》、《建筑业企业资质管理规定》和《工程监理企业资质管理规定》等。这类法规主要内容涉及：勘察、设计、施工和监理等单位的等级划分；明确各级企业应具备的条件；确定各级企业所能承担的任务范围；以及其等级评定的申请、审查、批准、升降管理等方面。例如《建筑业企业资质管理规定》中，明确规定建筑业企业经审查合格，"取得相应等级的资质证书，方可在其资质等级许可的范围内从事建筑活动"。

2）从业者资格管理方面的法规

《建筑法》规定对注册建筑师、注册结构工程师和注册监理工程师等有关人员实行资格认证制度。1995年国务院颁布的《中华人民共和国注册建筑师条例》、1997年建设部、人事部颁布的《注册结构工程师执业资格制度暂行规定》和1998年建设部、人事部颁发的《监理工程师考试和注册试行办法》等。这类法规主要涉及建筑活动的从业者应具有相应的执业资格；注册等级划分；考试和注册办法；执业范围；权利、义务及管理等。例如《注册结构工程师执业资格制度暂行规定》中明确注册结构工程师"不得准许他人以本人名义执行业务"。

3）建筑市场方面的法规这类法律、法规

主要涉及工程发包、承包活动，以及国家对建筑市场的管理活动。于1999年1月1日施行的《中华人民共和国合同法》和于2000年1月1日施行的《中华人民共和国招标投标法》是国家对建筑市场管理的两个基本法律。与之相配套的法规有2001年国务院发布的《工程建设项目招标范围和规模标准的规定》、国家计委《工程项目自行招标的试行

办法》、建设部《建筑工程设计招标投标管理办法》、2001 年国家计委等七部委联合发布的《评标委员会和评标方法的暂行规定》等以及 2001 年建设部发布的《建筑工程发包与承包价格计价管理办法》和与国家工商行政管理总局共同发布的《建设工程勘察合同》、《建筑工程设计合同》、《建设工程施工合同》和《建设工程监理合同》等示范文本。

这类法律、法规、文件主要是为了维护建筑市场的正常秩序和良好环境，充分发挥竞争机制，保证工程项目质量，提高建设水平。例如《招标投标法》明确规定"投标人不得以低于成本的报价竞标"，就是防止恶性杀价竞争，导致偷工减料引起工程质量事故。《合同法》明文"禁止承包人将工程分包给不具备相应资质条件的单位，禁止分包单位将其承包的工程再分包。建设工程主体结构的施工必须由承包人自行完成"。对违反者处以罚款，没收非法所得直至吊销资质证书，这均是为了保证工程施工的质量，防止因操作人员素质低造成质量事故。

4）建筑施工方面的法规

以《建筑法》为基础，国务院于 2000 年颁布了《建筑工程勘察设计管理条例》和《建设工程质量管理条例》。建设部于 1989 年发布《工程建设重大事故报告和调查程序的规定》，于 1991 年发布《建筑安全生产监督管理规定》和《建设工程施工现场管理规定》，于 1995 年发布《建筑装饰装修管理规定》，于 2000 年发布《房屋建筑工程质量保修办法》以及《关于建设工程质量监督机构深化改革的指导意见》、《建设工程质量监督机构监督工作指南》和《建设工程监理规范》等法规和文件。主要涉及施工技术管理、建设工程监理、建筑安全生产管理、施工机械设备管理和建设工程质量监督管理。它们与现场施工密切相关，因而与工程施工质量有密切关系或直接关系。

这类法律、法规文件涉及的内容十分广泛，其特点是大多与现场施工有直接关系。例如《建设工程监理规范》明确了现场监理工作的内容、深度、范围、程序、行为规范和工作制度；《建设工程施工现场管理规定》则要求有施工技术、安全岗位责任制度、组织措施制度，对施工准备，计划、技术、安全交底，施工组织设计编制，现场总平面布置等均做了明确规定。

特别是国务院颁布的《建设工程质量管理条例》，以《建筑法》为基础，全面系统地对与建设工程有关的质量责任和管理问题，做了明确的规定，可操作性强。它不但对建设工程的质量管理具有指导作用，而且是全面保证工程质量和处理工程质量事故的重要依据。

5）关于标准化管理方面的法规

这类法规主要涉及技术标准（勘察、设计、施工、安装、验收等）、经济标准和管理标准（如建设程序、设计文件深度、企业生产组织和生产能力标准、质量管理与质量保证标准等）。

2000 年建设部发布《工程建设标准强制性条文》和《实施工程建设强制性标准监督规定》是典型的标准化管理类法规，它的实施为《建设工程质量管理条例》提供了技术法规支持，是参与建设活动各方执行工程建设强制性标准和政府实施监督的依据，同时也是保证建设工程质量的必要条件，是分析处理工程质量事故，判定责任方的重要依据。一切工程建设的勘察、设计、施工、安装、验收都应按现行标准进行，不符合现行强制性标准的勘察报告不得报出，不符合强制性条文规定的设计不得审批，不符合强制性标准的材料、半成品、设备不得进场，不符合强制性标准的工程质量，必须处理，否则不得验收，不得投入使用。

(二) 工程质量事故处理程序

监理工程师应熟悉各级政府建设行政主管部门处理工程质量事故的基本程序，特别是应把握在质量事故处理过程中如何履行自己的职责。

工程质量事故发生后，监理工程师可按以下程序进行处理，如图 6-3 所示。

(1) 工程质量事故发生后，总监理工程师应签发《工程暂停令》，并要求停止进行质量缺陷部位和与其有关联部位及下道工序施工，应要求施工单位采取必要的措施，防止事故扩大并保护好现场。同时，要求质量事故发生单位迅速按类别和等级向相应的主管部门上报，并于 24h 内写出书面报告。

质量事故报告应包括以下主要内容：

1) 事故发生的单位名称，工程（产品）名称、部位、时间、地点；

2) 事故概况和初步估计的直接损失；

3) 事故发生原因的初步分析；

4) 事故发生后采取的措施；

5) 相关各种资料（有条件时）各级主管部门处理权限及组成调查组权限如下：

特别重大质量事故由国务院按有关程序和规定处理；重大质量事故由国家建设行政主管部门归口管理；严重质量事故由省、自治区、直辖市建设行政主管部门归口管理；一般质量事故由市、县级建设行政主管部门归口管理。

工程质量事故调查组由事故发生地的市、县以上建设行政主管部门或国务院有关主管部门组织成。特别重大质量事故调查组组成由国务院批准；一、二级重大质量事故由省、自治区、直辖市建设行政主管部门提出组成意见，人民政府批准；三、四级重大质量事故由市、县级行政主管部门提出组成意见，相应级别人民政府批准；严重质量事故，调查组由省、自治区、直辖市建设行政主管部门组织；一般质量事故，调查组由市、县级建设行政主管部门组织；事故发生单位属国务院部委的，由国务院有关主管部门或其授权部门会同当地建设行政主管部门组织调查组。

(2) 监理工程师在事故调查组展开工作后，应积极协助，客观地提供相应证据，若监理方无责任，监理工程师可应邀参加调查组，参与事故调查；若监理方有责任，则应予以回避，但应配合调查组工作。质量事故调查组的职责是：

1) 查明事故发生的原因、过程、事故的严重程度和经济损失情况；

2) 查明事故的性质、责任单位和主要责任人；

3) 组织技术鉴定；

4) 明确事故主要责任单位和次要责任单位，承担经济损失的划分原则；

5) 提出技术处理意见及防止类似事故再次发生应采取的措施；

6) 提出对事故责任单位和责任人的处理建议；

7) 写出事故调查报告。

(3) 当监理工程师接到质量事故调查组提出的技术处理意见后，可组织相关单位研究，并责成相关单位完成技术处理方案，并予以审核签认。质量事故技术处理方案，一般应委托原设计单位提出，由其他单位提供的技术处理方案，应经原设计单位同意签认。技

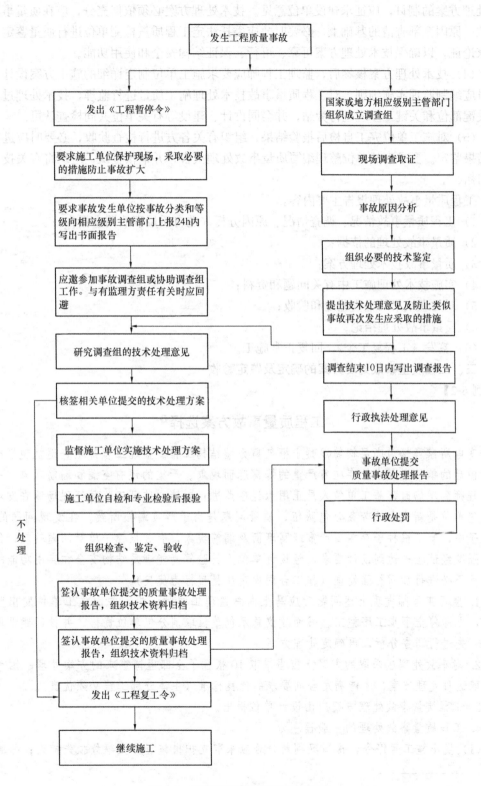

图 6-3 工程质量事故处理程序框图

术处理方案的制订，应征求建设单位意见。技术处理方案必须依据充分，应在质量事故的部位、原因全部查清的基础上，必要时，应委托法定工程质量检测单位进行质量鉴定或请专家论证，以确保技术处理方案可靠、可行、保证结构安全和使用功能。

（4）技术处理方案核签后，监理工程师应要求施工单位制定详细的施工方案设计，必要时应编制监理实施细则，对工程质量事故技术处理施工质量进行监理，技术处理过程中的关键部位和关键工序应进行旁站，并会同设计、建设等有关单位共同检查认可。

（5）对施工单位完工自检后报验结果，组织有关各方进行检查验收，必要时应进行处理结果鉴定。要求事故单位整理编写质量事故处理报告，并审核签认，组织将有关技术资料归档。

工程质量事故处理报告主要内容：

1）工程质量事故情况、调查情况、原因分析（选自质量事故调查报告）；

2）质量事故处理的依据；

3）质量事故技术处理方案；

4）实施技术处理施工中有关问题和资料；

5）对处理结果的检查鉴定和验收；

6）质量事故处理结论。

（6）签发《工程复工令》，回复正常施工。

三、工程质量事故处理方案的确定及鉴定验收

【示例 6-2】

工程质量事故方案选择❶

变电所家属楼为高层钢筋混凝土框架剪力墙结构工程。监理工程师检查巡视现场时发现拆模后的钢筋混凝土柱存在着严重的蜂窝麻面现象。严重的还有空洞和漏筋现象。当监理工程师到现场时，施工单位人员正用水泥砂浆进行封堵。监理工程师经现场调查发现施工发包单位是新成立的劳务分包队伍，质量问题是由于严重漏振所致。在发现问题的 10 根柱子中，有 7 根柱子存在着严重蜂窝麻面及漏筋现象，有 3 根柱子质量问题较轻，但混凝土强度经试验未达到设计要求，经设计单位人员验算尚能满足结构安全和实用功能的要求，可不必进行加固补强处理（施工合同规定质量目标为优良）。

1. 监理工程师发现上述问题后应马上向总监理工程师汇报，并向施工单位发出监理通知，立即停止下步工序施工。书面建议总承包单位取消分包单位资格，并抄送建设单位备案。先进行调查分析，再确定处理方案。

2. 对事故处理应采取的方案：应当采取 10 根柱子全部砸掉重来的方案处理。因为只有采取这种处理方案，才能满足合同要求的优良标准（主体分部工程必须优良）。

3. 工程质量事故处理方案应由设计单位提出。

4. 工程质量事故处理的一般程序为：

（1）发出施工暂停令，视情况判断是否应采取支护措施，防止事故损失扩大；并通报

❶ 本案例来源：刘宪文，吴琼，刘冀英 .《建设工程监理案例解析 300 例》［M］. 北京：机械工业出版社，2008.

建设单位。

　　(2) 组织事故调查,分析产生的原因及责任人。

　　(3) 由设计单位提出事故处理方案。

　　(4) 施工单位实施处理方案。

　　(5) 建立严格监督施工单位按方案实施。

　　(6) 施工单位自检合格后提出验收申请。

　　(7) 建立严格按验收标准进行验收。

　　(8) 监理机构向建设单位提出事故处理报告。

　　(一) 工程质量事故处理方案的确定

　　本章所指工程质量事故处理方案是指技术处理方案,其目的是消除质量隐患,以达到建筑物的安全可靠和正常使用各项功能及寿命要求,并保证施工的正常进行。其一般处理原则是:正确确定事故性质,是表面性还是实质性,是结构性还是一般性,是迫切性还是可缓性;正确确定处理范围,除直接发生部位,还应检查处理事故相邻影响作用范围的结构部位或构件。其处理基本要求是:安全可靠,不留隐患;满足建筑物的功能和使用要求;技术上可行,经济上合理的原则。

　　尽管对造成质量事故的技术处理方案多种多样,但根据质量事故的情况可归纳为三种类型的处理方案,监理工程师应掌握从中选择最适用处理方案的方法,方能对相关单位上报的事故技术处理方案做出正确审核结论。

　　(1) 工程质量事故处理方案类型:

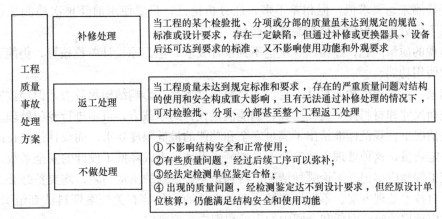

　　1) 修补处理

　　这是最常用的一类处理方案。属于修补处理这类具体方案很多,诸如封闭保护、复位纠偏、结构补强、表面处理等。某些事故造成的结构混凝土表面裂缝,可根据其受力情况,仅作表面封闭保护。某些混凝土结构表面的蜂窝、麻面,经调查分析,可进行剔凿、抹灰等表面处理,一般不会影响其使用和外观。

　　对较严重的质量问题,可能影响结构的安全性和使用功能,必须按一定的技术方案进行加固补强处理,这样往往会造成一些永久性缺陷,如改变结构外形尺寸,影响一些次要的使用功能等。

　　2) 返工处理

　　例如，某防洪堤坝填筑压实后，其压实土的干密度未达到规定值，经核算将影响土体的稳定且不满足抗渗能力要求，可挖除不合格土，重新填筑，进行返工处理。又如某公路桥梁工程预应力按规定张力系数为1.3，实际仅为0.8，属于严重的质量缺陷，也无法修补，只有返工处理。对某些存在严重质量缺陷，且无法采用加固补强等修补处理或修补处理费用比原工程造价还高的工程，应进行整体拆除，全面返工。

　　3) 不做处理

　　某些工程质量问题虽然不符合规定的要求和标准构成质量事故，但视其严重情况，经过分析、论证、法定检测单位鉴定和设计等有关单位认可，对工程或结构使用及安全影响不大，也可不做专门处理。通常不用专门处理的情况有以下几种：

　　①不影响结构安全和正常使用。

　　例如有的工业建筑物出现放线定位偏差，且严重超过规范标准规定，若要纠正会造成重大经济损失，若经过分析、论证其偏差不影响生产工艺和正常使用，在外观上也无明显影响，可不做处理。又如某些隐蔽部位结构混凝土表面裂缝，经检查分析，属于表面养护不够的干缩微裂，不影响使用及外观，也可不做处理。

　　②有些质量问题，经过后续工序可以弥补。

　　例如混凝土墙表面轻微麻面，可通过后续的抹灰、喷涂或刷白等工序弥补，亦可不做专门处理。

　　③经法定检测单位鉴定合格。

　　例如某检验批混凝土试块强度值不满足规范要求，强度不足，在法定检测单位，对混凝土实体采用非破损检验等方法测定其实际强度已达规范允许和设计要求值时，可不做处理。对经检测未达要求值，但相差不多，经分析论证，只要使用前经再次检测达设计强度，也可不做处理，但应严格控制施工荷载。

　　④出现的质量问题，经检测鉴定达不到设计要求，但经原设计单位核算，仍能满足结构安全和使用功能。

　　例如某一结构构件截面尺寸不足，或材料强度不足，影响结构承载力，但经按实际检测所得截面尺寸和材料强度复核验算，仍能满足设计的承载力，可不进行专门处理。这是因为一般情况下，规范标准给出了满足安全和功能的最低限度要求，而设计往往在此基础上留有一定余量，这种处理方式实际上是挖掘了设计潜力或降低了设计的安全系数。

　　监理工程师应牢记，不论哪种情况，特别是不做处理的质量问题，均要备好必要的书面文件，对技术处理方案、不做处理结论和各方协商文件等有关档案资料认真组织签认。对责任方应承担的经济责任和合同中约定的罚则应正确判定。

　　(2) 选择最适用工程质量事故处理方案的辅助方法。

　　选择工程质量处理方案，是复杂而重要的工作，它直接关系到工程的质量、费用和工期。处理方案选择不合理，不仅劳民伤财，严重的会留有隐患，危及人身安全，特别是对需要返工或不做处理的方案，更应慎重对待。

　　下面给出一些可采取的选择工程质量事故处理方案的辅助决策方法。

　　1) 试验验证

　　即对某些有严重质量缺陷的项目，可采取合同规定的常规试验以外的试验方法进一步进行验证，以便确定缺陷的严重程度。例如混凝土构件的试件强度低于要求的标准不太大

（例如 10％以下）时，可进行加载试验，以证明其是否满足使用要求。又如公路工程的沥青面层厚度误差超过了规范允许的范围，可采用弯沉试验检查路面的整体强度等。监理工程师可根据对试验验证结果的分析、论证，再研究选择最佳的处理方案。

2）定期观测

有些工程，在发现其质量缺陷时其状态可能尚未达到稳定，仍会继续发展，在这种情况下一般不宜过早做出决定，可以对其进行一段时间的观测，然后再根据情况做出决定。属于这类的质量问题，如桥墩或其他工程的基础在施工期间发生沉降超过预计的或规定的标准；混凝土表面发生裂缝，并处于发展状态等。有些有缺陷的工程，短期内其影响可能不十分明显，需要较长时间的观测才能得出结论。对此，监理工程师应与建设单位及施工单位协商，是否可以留待责任期解决或采取修改合同，延长责任期的办法。

3）专家论证

对于某些工程质量问题，可能涉及的技术领域比较广泛，或问题很复杂，有时仅根据合同规定难以决策，这时可提请专家论证。而采用这种办法时，应事先做好充分准备，尽早为专家提供尽可能详尽的情况和资料，以便使专家能够进行较充分、全面和细致的分析、研究，提出切实的意见与建议。实践证明，采取这种方法，对于监理工程师正确选择重大工程质量缺陷的处理方案十分有益。

4）方案比较

这是比较常用的一种方法。同类型和同一性质的事故可先设计多种处理方案，然后结合当地的资源情况、施工条件等逐项给出权重，做出对比，从而选择具有较高处理效果又便于施工的处理方案。例如结构构件承载力达不到设计要求，可采用改变结构构造来减少结构内力、结构卸荷或结构补强等不同处理方案，可将其每一方案按经济、工期、效果等指标列项并分配相应权重值，进行对比，辅助决策。

（二）工程质量事故处理的鉴定验收

质量事故的技术处理是否达到了预期目的，消除了工程质量不合格和工程质量问题，是否仍留有隐患。监理工程师应通过组织检查和必要的鉴定，进行验收并予以最终确认。

（1）检查验收

工程质量事故处理完成后，监理工程师在施工单位自检合格报验的基础上，应严格按施工验收标准及有关规范的规定进行，结合监理人员的旁站、巡视和平行检验结果，依据质量事故技术处理方案设计要求，通过实际量测，检查各种资料数据进行验收，并应办理交工验收文件，组织各有关单位会签。

（2）必要的鉴定

为确保工程质量事故的处理效果，凡涉及结构承载力等使用安全和其他重要性能的处理工作，或质量事故处理施工过程中建筑材料及构配件保证资料严重缺乏，或对检查验收结果各参与单位有争议时，常需做必要的试验和检验鉴定工作。常见的检验工作有混凝土钻芯取样，用于检查密实性和裂缝修补效果，或检测实际强度；结构荷载试验，确定其实际承载力；超声波检测焊接或结构内部质量；池、罐、箱柜工程的渗漏检验等。检测鉴定必须委托政府批准的有资质的法定检测单位进行。

（3）验收结论

对所有质量事故无论经过技术处理，通过检查鉴定验收，还是不需专门处理的，均应有明确的书面结论。若对后续工程施工有特定要求，或对建筑物使用有一定限制条件，应在结论中提出。

验收结论通常有以下几种：

1）事故已排除，可以继续施工。

2）隐患已消除，结构安全有保证。

3）经修补处理后，完全能够满足使用要求。

4）基本上满足使用要求，但使用时应有附加限制条件，例如限制荷载等。

5）对耐久性的结论。

6）对建筑物外观影响的结论。

7）对短期内难以作出结论的，可提出进一步观测检验意见。

对于处理后符合《建筑工程施工质量验收统一标准》的规定的，监理工程师应予以验收、确认，并应注明责任方主要承担的经济责任。对经加固补强或返工处理仍不能满足安全使用要求的分部工程、单位（子单位）工程，应拒绝验收。

第三节 如何预防工程质量问题及事故？

工程建设是一项多主体参与的系统工程，其中的每一个参与主体的工作质量都与最终建筑产品的质量相关。在建设活动中，参与建设活动的各方主体主要有建设单位，设计单位，施工单位，监理单位，材料设备供应商，政府监管部门以及保险公司等。各建设主体的责任履行是否到位，直接关系到建筑工程质量。我国《建筑法》、《建设工程质量管理条例》对参与工程建设的各责任主体的责任做了严格的规定，除了必要的行政责任、刑事责任外，也规定了民事赔偿责任。但我国设计、施工单位长期以来实行的是低价格、低利润政策，行业自身积累严重不足，难以将法律法规所规定的赔偿责任落到实处。这也在一定程度上造成了建筑法等规定的民事赔偿责任形同虚设。

一、强化建设单位的质量责任和义务

建设单位是建设市场活动中重要主体之一。建设单位控制着建设工程全部投资，并且是该投资行为的最大受益者。在我国建设市场全面处于买方市场的条件下，建设单位不仅具有设计、施工、监理招投标的主动权，建设行为的监督管理控制权，还具有拒绝支付雇佣款项的权利，因此建设单位相对其他建设主体享有充分的权利的同时也应承担与其相应的责任。《建设工程质量管理条例》第二章专门规定了建设单位的质量和义务。但当前一个比较严重的问题是国有投资工程建设单位质量责任不明确，导致政府工作人员玩忽职守，酿成重大的工程质量事故。国有投资工程出现质量问题，追究政府部门的行政责任实质上是追究国家责任，也就相当于政府部门并没有承担责任。因此为了公平原则，在追究政府部门质量责任的同时，应该将质量责任进一步落实到人。

另外根据国际惯例，在市场经济条件下，应该实行业主负责制，建设单位可以自行负责管理建设行为，也可以委托有资质的其他机构代为管理。也就是说，建设单位在遵守国家建设法规和部门规章的前提下具有管理建设行为的绝对自主权，同时也应该承担因管理行为失误或不当所导致的质量损失和事故的直接责任、间接责任和连带责任。

二、强化工程设计单位的责任观

建设工程是百年大计，其勘察、设计、施工的技术要求比较复杂，建设工程的质量更是关系到人身财产安全，重要工程的质量甚至对社会政治、经济活动产生巨大影响。作为技术和智力较为密集的建设活动主体，设计单位的工作内容决定了他们与工程质量缺陷和损害具有密切的关系。设计单位在工程质量方面的合同义务及其违约的主要表现：迟延交付设计文件、设计错误、设计文件不符合国家规定的设计深度要求、设计单位对施工图交底不清等。这些都会在一定程度上对建筑工程质量产生影响。因此设计工作应遵循一系列原则性规范。如《建筑法》第10条规定，设计单位对于建设单位提出的违反法律、行政法规和建筑工程质量、安全标准，降低工程质量的要求，应当拒绝。《建筑法》第56条规定，设计文件应当符合有关法律、行政法规的规定和建筑工程质量、安全标准、建筑工程设计技术规范以及合同的约定。设计文件选用的建筑材料、建筑构配件和设备，应当注明其规格、型号、性能等技术指标，其质量要求必须符合国家规定的标准。《建设工程质量管理条例》第20条规定，设计单位应当根据勘察成果文件进行建设工程设计。设计文件应当符合国家规定的设计深度要求，注明工程合理使用年限。

设计单位及其从业的专业技术人员应当对自己的工作成果负责。对于因工作质量不符合法定和约定的要求，给建设单位造成损失的，应当承担赔偿责任。如：合同法第280条规定，设计的质量不符合要求或者未按照期限提交设计文件拖工期，造成发包人损失的，设计人应当继续完善设计，减收或者免收设计费并赔偿损失。另外工程质量事故发生后，工程的设计单位有义务参与质量事故分析。

建设工程的功能、所要求达到的质量在设计阶段即已确定，工程质量在一定程度上就是工程是否准确表达了设计意图，因此，当工程出现质量事故时，该工程的设计单位对事故的分析具有权威性。对于因设计造成的质量事故，工程设计单位同时也有义务提出相应的技术处理方案。设计单位违反上述义务，未参加建设工程质量事故的分析，或对于因设计造成的质量事故未提出相应的技术处理方案，均有可能造成工程质量事故危害和损失的扩大。

三、施工单位要严格履行质量责任

要保证施工单位在施工过程中严格履行质量责任，应该在施工单位的资质、施工程序等方面严把关。首先，施工单位必须在其资质等级许可的范围内承揽工程，禁止以其他施工单位名义承揽工程和允许其他单位或个人以本单位的名义承揽工程。在实践中，一些施工单位因自身资质条件不符合招标项目要求的资质条件，会采取种种欺骗手段取得发包方的信任，其中包括借用其他施工单位的资质证书，以其他施工单位的名义承揽工程等手段进行违法承包活动。这些施工单位一旦拿到工程，一般要向出借方交纳一大笔管理费，就只有靠偷工减料、以次充好等非法手段赚取利润，从而给工程带来质量隐患。因此，必须明令禁止这种行为，无论是"出借方"还是"借用方"都将受到法律的处罚；其次，对于实行工程施工总承包的，无论质量问题是由总承包单位造成的，还是由分包单位造成的，均由总承包单位负全面的质量责任；再次，施工单位必须按照工程设计图纸施工，是保证工程实现设计意图的前提，也是明确划分设计、施工单位质量责任的前提。施工过程中，如果施工单位不按图施工，或者不经原设计单位同意，就擅自修改工程设计，其直接的后果，往往违反了原设计的意图，影响工程的质量；间接后果是在原设计有缺陷或出现工程质量事故的情况下，混淆了设计、施工单位各自应负的质量责任。所以按图施工，不擅自修改工程设计，是施工单位保证工程质量的最基本要求。施工单位在施工过程中发现设计文件和图纸有差错的，应当及时向建设单位提出意见和建议；最后，建设工程在保修范围和保修期限内发生质量问题的，施工单位应当履行保修义务，并对造成的损失承担赔偿责任。对在保修期限内和保修范围内发生的质量问题，一般应先由建设单位组织勘察、设计、施工等单位分析质量问题的原因，确定维修方案，由施工单位负责维修。但当问题较严重复杂时，不管是什么原因造成的，只要是在保修范围内，均先由施工单位履行保修义务，不得推诿扯皮。对于保修费用，则由质量缺陷的责任方承担。只有这样才能强化施工单位的质量责任意识，确保建筑工程质量。

四、监理单位应做好质量监督工作

工程监理单位是中介服务机构，其业务主要是代表建设单位对施工进行监督管理。工程监理单位必须有专业技术人员，才能受建设单位的委托深入施工现场进行监督管理，监理人员凭自己的专业技术和经验，对施工中出现的各种技术问题进行纠正、制止，保证工程质量，防止建筑事故的发生。在工程建设实践中，有些建设单位没有委托监理单位，或者没有委托相应资质的监理单位，或者监理单位严重失职，使施工中所出现的质量问题没有得到及时纠正、制止，留下事故隐患，最终导致事故发生。

为了保证工程的质量，防止建筑事故的发生，工程监理单位应做好以下几个方面的工作：

（1）监理单位应取得相应的资质等级，并在其资质等级许可的监理范围内，承担工程监理业务。禁止无资质等级的单位从事监理工作，禁止低资质等级的监理单位越级从事高资质等级的监理工作。

（2）工程监理单位应当根据建设单位的委托，客观、公正地执行监理业务。建设单位与工程监理单位签订委托监理合同，工程监理单位应根据委托监理合同的内容进行监理，尽职尽责，做到客观、公正。

（3）工程监理单位与被监理工程的承包单位以及建筑材料、建筑构配件和设备供应单位不得有隶属关系或者其他利害关系。如果工程监理单位与被监理工程的承包单位以及建筑材料、建筑构配件和设备供应单位有行政上的隶属关系或者有经济上、业务上的利害关系，那么就难免不会出现工程监理单位徇私舞弊，使施工中出现的质量问题得不到及时的纠正、制止。

（4）工程监理单位不得转让工程监理业务。建设单位把工程监理业务委托给工程监理单位，这是建设单位基于对监理单位资质等级的信赖。因此，工程监理单位不能把监理业务转让给其他工程监理单位。在建筑实践中，工程监理单位要么把监理业务转让给资质等级低的工程监理单位，从中牟取非法利益。由于无资质等级的监理单位和资质等级低的监理单位没有具备相应的专业技术人员和技术设备等，在监理过程中无法胜任监理工作，使许多隐患得不到纠正、制止，导致建筑事故的发生。

（5）工程监理单位不得与承包单位串通。工程监理单位不得为自己谋取非法利益，或者为承包单位谋取非法利益，与承包单位串通，致使工程建设中的质量问题得不到纠正、制止，导致建筑事故的发生，严重损害建设单位的利益。在工程建设实践中，一些承包单位为了牟取非法利益，贿买工程监理单位，使工程监理单位与承包单位串通一气，在施工中故意偷工减料、粗制滥造、以次充好、以假充真。这样工程的质量得不到保证，建筑事故也就会频繁发生。

（6）工程监理单位应当选派具备相应资格的总监理工程师和监理工程师进驻施工现场。工程监理单位派驻技术权威即总监理工程师和监理工程师进驻施工现场，对施工进行监督、指导，既可以解决在施工中出现的技术难题，也可以发现施工中所存在的质量隐患，帮助施工单位及时改正，保证工程质量。如果工程监理单位选派没有相应资格的人员进驻施工现场，他们对施工现场所存在的质量问题一无所知，那么监理工作实际上是形同虚设，难免会发生建筑事故。因此，工程监理单位应选派技术权威进驻施工现场进行监督和指导。

五、严把施工材料设备质量关

由于工程材料的质量低劣造成的工程质量事故和损失往往是非常严重并难以弥补和修复的，因此，工程中必须尽力避免发生此类问题，防患于未然。例如当承重结构的建筑材料质量不合格时，会导致建筑物结构承载能力降低，产生结构裂缝，甚至倒塌。把握工程材料设备质量，最关键的就是材料设备供应商的选择和进场的质量检查。

（1）材料设备供应商的选择

材料选购一定要选好优质优价．服务优良的材料供应商：一般为满足采购需求选择的材料供应方应满足以下条件：完善的质量体系、质量水平、环保标准．适当的库存，充分的生产能力（包括定制品的研发生产能力）；迅捷的供应能力；产品符合使用要求；物美价廉的材料、产品及良好的商业信誉，优秀的资金结算能力等。特别要注意材料采购中的性价比，并不是说越便宜越好，而是越适合越好，在满足工程设计、使用功能、环保功能等诸方面需求的情况下，评估供应商产品质量、供货能力及售后服务。此外，对于一些特殊材料，在以上条件基础上需要确定一些特殊内容，如对工程安全，人身安全，环保施工含有潜在危险的材料：易燃易爆化学品、油漆涂料、水泥等，材料供应方还应当有良好的售后服务和适当的退换、赔偿能力履行有关承诺。对主要装饰材料及建筑配件，应在订货前要求厂家提供样品或看样订货。主要设备订货时，要审核设备清单，是否符合设计要求。监理工程师协助承包单位合理地、科学地组织材料采购、加工储备、运输、建立严密的计划、调度、管理体系、加快材料的周转，减少材料的占用量，按质、按量、如期地满足建设需要。

（2）材料设备进场质量检查

对用于工程的主要材料，进场时必须具备正式的出厂合格证和材质化验单。如不具备或对检验证明有怀疑时，应补做检验。工程中所有构件。必须具有厂家批号和出厂合格证。钢筋混凝土的预应力钢筋混凝土构件，均应按规定的方法进行抽样检验。由于运输、安装等原因出现的构件质量问题，应分析研究，经处理鉴定后方能使用。凡标志不清或认为质量有问题的材料，对质量保证资料有怀疑或与合同规定不符的一般材料，由工程重要程度决定，应进行一定比例试验的材料，需要进行追踪检验，以控制和保证其质量的材料等，均应进行抽检。对于进口的材料设备和重要工程或关键施工部位所用的材料，则应进行全部检验。材料质量抽样和检验的方法，应符合《建筑材料与管理规程》。对于重要构件或非均质的材料，还应增加采样的数量。对进口材料、设备应会同商检局检验，如核对凭证中发现问题，应取得供方和商检人员签署的商务纪录，按期提出索赔。高压电缆、电压绝缘材料、要进行耐压试验。

六、落实政府安全监管职能

建筑业是我国国民经济的重要支柱产业，为推动国民经济增长和社会全面发展做出了巨大贡献。然而建筑业长期以来一直是职业伤亡事故多发的行业，列我国各行业中的第3位。在健全和完善以监督监察为主的建筑业职业安全监督管理体系中，政府安全监管部门发挥重大作用。政府作为工程建设的监管主体应从以下几个方面落实安全监管职能。

（1）阳光监督。建立健全工程质量监督告知制度，提高监督执法的透明度，使工程质量监督真正成为"阳光监督"。工程建设各方从建设工程活动一开始，就应享有知情权，了解监督工作的方式、方法、内容和手段，以便充分调动工程建设、监理和施工等单位自查自纠、自我约束的积极性和主动性，自觉规范质量行为，减少和避免质量事故的发生。

（2）建立集体监督机制，保证执法监督的公正性和准确性。深化工程质量监督机构改革，提高工程质量监督力度的重要手段是加强监督执法。应改变现有的监督方法，建立集体监督机制，一个专业配备两名以上监督人员，并规定要持证上岗。同时规定不同级别的监督文书分别由各科室的监督人员、科长以及站领导按权限范围签发，保证执法检查和处罚的严肃性和准确性。

（3）建立预见性、服务性的质量监督模式。在监管过程中一定要做到服务与执法有机结合，工程质量监督机构应针对工程质量的事前控制、过程控制和事后控制三大环节，在做好过程监督和工程违规行为的严肃查处的同时，加强工程质量的事前监督，提高监督工作的预见性、服务性。当工程质量出现下降的趋势或工程施工到难点部位、易出现质量通病的部位时，监督人员应及时到现场提示和指导，以此扭转滞后监督、被动应对的局面。

（4）建立行为监督与实物监督并重的监督运行机制。通过建立行为监督与实物监督并重的监督运行机制实现从单一实物监督向工程建设各方质量行为监督的延伸。工程质量监督机构应将工程建设各方的质量行为以及其结果，即工程产品质量，均列为监督对象，将工程建设参建各方推向工程质量责任第一线，通过日常监督、监督巡查与结构工程季度大检查相结合的监督形式，对影响建设工程质量的全要素实现全覆盖的监督。

（5）将随机检查作为工程质量监督检查的主要方式。工程质量监督工作应采取巡查和抽检相结合的监督方式，以保证建设工程使用安全和环境质量为主要目的；以保证地基基础、主体结构、环境质量和与此相关的工程建设各方的质量行为为主要内容；以施工许可和竣工验收备案制为主要手段，改变原来的预约式、通知式的监督检查方式，加强巡回检查和随机抽查，保证检查内容和部位能够真实反映施工的质量状况。

（6）不断提高监督队伍的素质和监督工作水平。没有高素质的质监队伍，就很难建立与质量监督职能相适应的权威。因此，工程质量监督机构必须加强质量管理、质量控制的学习，提高监督队伍的业务素质。还应不断完善质量监督手段，增加检测设备，改变传统的"敲、打、看、摸"等落后的检查方法，加大科技含量，提高工程质量监督的工作水平。

（7）工程质量监督制度改革。工程质量监督机构应不断建立健全行政管理、技术管理和质量监督制度，严格遵循质量监督程序，充分发挥各方责任主体的主导作用，依靠先进的建筑施工技术、质量管理技术和信息网络技术，充分运用经济和法律手段监督管理工程质量活动，不断探索和实践适应新时期要求的质量监督管理新模式，建立起规范的工程质量监督管理制度。

七、建立健全工程质量保险制度

当前，我国重大安全责任事故频繁发生，安全隐患也非常多，严重影响社会稳定。胡锦涛同志多次强调"要牢固树立安全第一的思想，真正吸取血的教训，切实加大工作力度，认真抓好安全生产，坚决防止重大安全事故。要抓紧建立健全社会预警机制，建立健全突发事件应急机制和社会动员机制，提高保障公共安全和处置突发事件的能力"。就建筑行业而言，由于建设规模的迅速扩大，新技术、新材料的不断应用加大了建设工程的风险，工程质量事故、安全事故也比较突出，这一切都对保险业提出了新的更高的要求。保险业必须增强大局意识和责任意识，充分认识到责任保险对维护公共安全、促进国民经济发展的重要作用，切实为减少工程质量事故的发生做出努力，大力发展责任保险，不断满足国民经济和人民群众对责任保险的需求。

对于建筑工程质量保险，《建筑法》未作明确的规定，第62条规定实行质量保修制度，而目前实行的是质量保证金制度。2005年，建设部和保监会联合发布的《关于推进建设工程质量保险工作的意见》提出了制度基本框架，明确了工程保险的种类、投保的项目类型和投保主体。2006年9月19日，由建设部与保监会联手推动的建筑工程质量保险试点工作正式启动，中国人保财险率先面向北京、上海、厦门等14个城市推出这一产品。各试点城市都在结合本地实际制定具体的实施办法。如上海正在探索共投体、共保体机制；北京在奥运工程中普遍推行了工程保险；厦门提出了地方分公司的条款，并在发挥保险中介方面进行了探索。

工程保险是运用市场手段保证工程质量的一个重要措施，是减轻工程建设风险、保护消费者合法权益的有效举措，也是解决因扣留工程质量保证金而拖欠工程款的一个治本之策。这是用市场经济的手段减轻企业和政府风险的有力例证。现已在工程建设领域开展了建筑工程一切险和安装工程一切险，近年又开展了工程设计责任保险试点，大力推行工程质量保证保险。目前工程建设领域涉及的保险品种主要有职工意外伤害险、相关职业责任险、工程质量保修保险和建筑（安装）工程一切险。责任保险作为以市场化方式辅助社会管理的一个重要手段，必将在维护公共安全和促进国民经济发展中起到重要的保障与推动作用。

复 习 思 考 题

一、选择题

1. 凡工程质量不合格，由此造成直接经济损失在（　　）元以上的称之为工程质量事故。

A. 3000　　　　　　B. 4000　　　　　　C. 5000　　　　　　D. 6000

2. 建设工程发生质量事故，有关单位应在（　　）小时内写出书面报告，并向相应的主管部门上报。

A. 8　　　　　　　B. 12　　　　　　　C. 24　　　　　　　D. 48

3. 由于工程质量事故具有（　　）的特点，因此，要求在初始阶段并不严重的问题应及时处理纠正。

A. 复杂性　　　　　B. 突发性　　　　　C. 可变性　　　　　D. 隐蔽性

4. 某建筑工程因质量事故造成5万元的经济损失，按事故的性质及严重程度划分，该事故属于（　　）。

A. 一般质量事故　　　　　　　　　B. 严重质量事故

C. 重大质量事故　　　　　　　　　D. 中等质量事故

5. 建设工程重大事故的等级是以（　　　）为标准划分的。

A. 直接经济损失额度和人员伤亡数量

B. 违法行为严重程度

C. 造成损害程度

D. 永久质量缺陷对结构安全的影响程度

6. 根据《建设工程质量管理条例》规定，下列要求不属于建设单位质量责任与义务的是（　　　）。

A. 建设单位应当依法对工程建设项目的勘察、设计、施工、监理以及工程建设有关的重要设备、材料等的采购进行招标

B. 涉及建筑主体和承重结构变动的装修工程，建设单位要有设计方案

C. 施工人员对涉及结构安全的试块、试件以及有关材料，应在建设单位或工程监理企业监督下现场取样，并送具有相应资质等级的质量检测单位进行检测

D. 建设单位应按照国家有关规定组织竣工验收，建设工程验收合格的，方可交付使用

7. 工程质量事故技术处理方案，一般应委托原（　　　）提出。

A. 设计单位　　　B. 建设单位　　　C. 监理单位　　　D. 施工单位

8. 工程质量事故处理完成后，监理工程师应依据（　　　）检查验收。（多选）

A. 经批准的施工图设计文件

B. 工程质量事故调查报告

C. 工程质量事故处理报告

D. 施工验收标准及规范的规定

E. 质量事故处理方案设计要求

二、简答题

1. 简述施工安全事故的处理程序。

2. 按照伤亡的严重程度，施工伤亡事故可以分为哪几类？

3. 导致工程质量事故的常见原因有哪些？

4. 预防工程质量事故，可以采取的举措有哪些？

选择题参考答案

1. C；2. C；3. C；4. B；5. A；6. C；7. A；8. DE

第七章 工程质量统计分析方法

【开篇案例】

监理工程师该如何处理？

在某工程项目施工过程中，监理工程师对承建商在施工现场制作的水泥预制板进行质量检查，抽查了 500 块，发现其中存在以下问题见表 7-1。

水泥预制板质量检查表   表 7-1

序　号	存　在　问　题	数　量
1	蜂窝麻面	23
2	局部露筋	10
3	强度不足	4
4	横向裂缝	2
5	纵向裂缝	1
总计		40

面对发现的问题，监理工程师应该采用什么方法来分析存在的质量问题？产品的主要质量问题是什么？监理工程师应该如何处理？

统计质量管理方法的理论基础是概率论与数理统计，其基本观点包括质量统计分析和质量统计推断。质量统计推断观点就是要从检查样本质量的统计特征来推断整个总体质量的统计特征，即用部分来说明整体的观点，由此就产生了抽样检验理论。

第一节 质　量　数　据

工程质量控制、评价是以数据为依据，质量控制中常说的"一切用数据说话"，就是要求用数据来反映工序质量状况及判断质量效果。

一、质量数据的类型

质量数据的来源，主要是工程建设过程中的各种检验，即材料检验、工序检验、验收检验等。质量数据就其本身的特性来说，可以分为计量值数据和计数值数据。❶

（一）计量值数据

计量值数据是可以连续取值的数据，表现形式是连续型的。如长度、厚度、直径、强度等质量特征，一般都是可以用检测工具或仪器等测量（或试验）的，类似这些质量特征的测量数据，如长度为 1.15 m、1.83 m 等。在工程质量检验中得出的原始检验数据大部

---

❶　资料来源：中国建设监理协会组织．建设工程质量控制［M］．北京：中国建筑工业出版社，2009．

分是计量值数据。

（二）计数值数据

有些反映质量状况的数据是不能用测量器来度量的。为了反映或描述属于这类型内容的质量状况，而又必须用数据来表示时便采用计数的办法，即用1、2、3连续地数出个数或次数，凡属于这样性质的数据即为计数值数据。如不合格品数、不合格的构件数、缺陷的点数等等。

二、质量数据的搜集方法

总的来说抽样方法可以分成两类，分别为全数检验和抽样检验。

（一）全数检验

全数检验是对总体中的全部个体逐一观察、测量、计数、登记，从而获得对总体质量水平进行评价的方法。

全数检验能提供大量的质量信息，一般情况下是比较可靠的，但它需要消耗很多的人力、物力、财力和时间。这种方法不能用于具有破坏性的检验和过程的质量控制，因此，在应用上具有一定的局限性。

（二）抽样检验

抽样检验是指按照随机原则，从统计总体中抽取一定数量的单位作为样本，进行调查检测，用以推断总体质量水平的方法。常用的抽样检验方法如下：

1. 简单随机抽样

简单随机抽样又称纯随机抽样。对总体单位不进行任何分组，而是随机地直接从总体中抽取样本。

2. 分层抽样

分层抽样又称分类抽样或类型抽样。是指先按某一标志将主体分成若干组，然后再从各组中随机抽取若干个单位组成样本的方法。

分层抽样的前提条件是对总体事先有一定的认识，了解与所研究变量值关系密切的相关信息，以此作为分类的标准。分层抽样将差异较大的总体划分为若干个内部差异较小的子总体，再从各子总体中抽取样本单位，从而有利于提高样本的代表性，能得到比简单抽样更为准确的结果，在实际工程中应用较广。

3. 系统抽样

系统抽样又称等距抽样、机械抽样。是先将总体单位按一定顺序排队，计算出抽样间隔，然后按固定的顺序和间隔抽取样本的方法。例如：假设总体有单位 N，将总体各单位依次排队，然后依顺序和间隔按样本容量 n 将所有总体单位 N 分为 n 个相等的部分（抽样距离），这时每个部分有 $K=N/n$ 个个体。再用随机抽样方法确定在每个部分中的抽样序 i（$i=1，2，3，\cdots，k$）从每个部分的 k 个单位中抽取排序为 i 的那一个单位组成一种抽样形式。

4. 二次抽样

是指从组成总体的若干分批中，先抽取一定数量的分批，进行第一次抽样；然后，再从每一分批中随机抽取一定数量的样本，进行第二次抽样的方法。

三、质量数据的分布特征

质量数据具有个体数值的波动性和总体（样本）分布的规律性。

在实际质量检测中发现，即使在生产过程是稳定正常的情况下，同一总体（样本）的个体产品的质量特性值也是互不相同的。这种个体间表现形式上的差异性，反映在质量数据上即为个体数值的波动性、随机性，然而当运用统计方法对这些大量丰富的个体质量数值进行加工、整理和分析后，又会发现这些产品质量特性值（以计量值数据为例）大多都分布在数值变动范围的中部区域，即有向分布中心靠拢的倾向，表现为数值的集中趋势；还有一部分质量特性值在中心的两侧分布，随着逐渐远离中心，数值的个数变少，表现为数值的离中趋势。质量数据的集中趋势和离中趋势反映了总体（样本）质量变化的内在规律性。

概率论与数理统计在对大量统计数据研究中，归纳总结出许多分布类型，如一般计量值数据服从正态分布（图 7-2），计件值数据服从二项分布（图 7-3），计点值数据服从泊松分布（图 7-4）等。实践中只要是受许多起微小作用的因素影响的质量数据，都可以认为是近似服从正态分布的，如构建的几何尺寸、混凝土强度等；如果是随机样本，无论它来自的总体是何种分布，在样本容量较大时，其样本均值也将服从或近似服从正态分布。

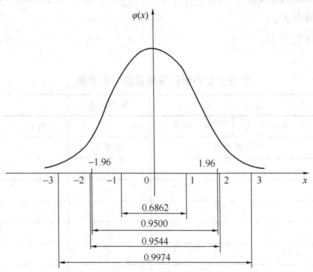

图 7-1　正态分布概率密度曲线

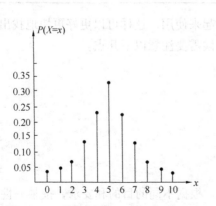

图 7-2　二项分布图（$n= 10$，$P= 0.5$）

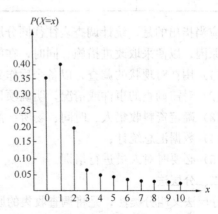

图 7-3　泊松分布图（$n= 10$，$P= 0.1$）

第二节 质量统计分析方法

在质量的统计分析观点的理论基础上，人们为了更好地实现这一目标提出了一系列质量管理的统计技术和方法。早期常用的质量管理方法主要有：调查表法、分层法、排列图法、因果分析图法、直方图法、控制图法、相关图法等。本节将对所列的前七种质量统计分析方法进行介绍。

一、调查表法

调查表法是对数据进行系统地收集、整理和粗略分析质量状况的一种方法。由于它使用简便，既能按统一的方式收集整理又便于直观分析。一般情况下可以根据需要调查的内容分为如下几种：

(1) 分项工程质量调查表；

(2) 不合格内容调查表；

(3) 不良原因调查表；

(4) 不良项目调查表等。

【示例 7-1】

混凝土空心板外观质量缺陷调查表　　　　　　　　　　表 7-2

产品名称	混凝土空心板		生产班组			
日生产总数	200块	生产时间	年　月　日		检查时间	年　月　日
检查方式	全数检查		检查员			
项目名称			合计			
露筋			9			
蜂窝			10			
孔洞			3			
裂缝			2			
其他			3			
总计			27			

应当指出的是，统计调查表往往同分层法结合起来使用，这样可以更好更快地找出问题的原因，以便采取改进措施。同时，在使用的时候需要注意以下几点：

(1) 用在对现状的调查，以备今后作分析；

(2) 对需调查的事件或情况，明确项目名称；

(3) 确定资料收集人、时间、场所、范围；

(4) 数据汇总统计；

(5) 必要时对人员进行培训。

二、分层法

分层法又叫分类法，是将调查收集的原始数据，根据不同的目的和要求，按某一性质进行分组、整理的分析方法。分层的结果使数据各层间的差异突出地显示出来，层内的数据差异减少了。在此基础上再进行层间、层内的比较分析，可以更深入地发现和认识质量问题的原因。

在实际工作中，经常可发现因操作者、生产或加工时间、材料、设备等不同而使产品质量存在差异性。如能在数据收集时针对这些可以明显区分的因素加以适当标注、分类进行研究，有助于问题的发现和解决。当有不合格品产生时，很可能只是其中一种因素（原料、人或机器）有问题，便可以快速寻找症结所在。当质量较优时，也可以从分层数据中获得进一步改善产品质量的因素或条件。

通常使用分层法可以获得对整体进行剖析的相关信息，但有时由于分层不当，也可得出错误的信息，必须运用有关产品的技术知识和经验进行正确分层。常见的分层方法如下：

　　（1）按施工时间分：月、日、上午、下午、白天、夜间，季节等；

　　（2）按地区部位分：区域，城市、乡村，楼层，外墙、内墙等；

　　（3）按操作者分：班别，线别，组别，熟练程度类别，操作法类别，年龄，性别，受教育程度等；

　　（4）按产品材料分：产地，供应商，批次，材质，规格，品种等；

　　（5）按检测方法分：方法，仪器，测定人，取样方式等；

　　（6）按作业组织分：工法，班组，工长，工人，分包商等；

　　（7）按工程类型分：住宅，办公楼，道路，桥梁，隧道等；

　　（8）按合同结构分：总承包，专业分包，劳务分包等。

【示例 7-2】

混凝土空心板外观质量缺陷调查表

钢筋焊接质量的调查分析，共检查了 50 个焊接点，其中不合格 19 个，不合格率为 38%。存在严重的质量问题，试用分层法分析质量问题产生的主要原因。

现已查明这批钢筋的焊接是由 A、B、C 三位师傅操作的，而焊条是由甲、乙两家厂商提供的。因此，分别按操作者和焊条供应厂商进行分层分析，即考虑一种因素单独的影响，见表 7-3 和表 7-4。

按操作者分层的调查结果　　　　　　　　　　　　　　表 7-3

操作者	不合格	合格	不合格率（%）
A	6	13	32
B	3	9	25
C	10	9	53
合计	19	31	38

按供应厂商分层的调查结果　　　　　　　　　　　　　表 7-4

供应厂商	不合格	合格	不合格率（%）
甲	9	14	39
乙	10	17	37
合计	19	31	38

由表 7-3 和表 7-4 分层分析可见，操作者 B 的质量较好，不合格率为 25%；而不论是采用甲厂商还是乙厂商的焊条，不合格率都很高并且相差不大。为了找出问题之所在，再进一步采用综合分层进行分析，即考虑两种因素共同影响的结果，见表 7-5。

综合分层分析焊接质量的调查结果   表 7-5

操作者	焊接质量	甲 厂		乙 厂		合 计	
		焊接点	不合格率(%)	焊接点	不合格率(%)	焊接点	不合格率(%)
A	合格	6	75	0	0	6	32
	不合格	2		11		13	
B	合格	0	0	3	43	3	25
	不合格	5		4		9	
C	合格	3	30	7	18	10	53
	不合格	7		2		9	
合计	合格	9	39	10	37	19	38
	不合格	14		17		31	

从表 7-4 的综合分层法分析可知，在使用甲厂的焊条时，应采用 B 师傅的操作方法为好；在使用乙厂的焊条时，应采用 A 师傅的操作方法为好，这样会使合格率大大地提高。

分层法时质量控制统计分析方法中最为基础的一种方法。其他统计方法一般都要与分层法配合使用，如排列图法、直方图法、控制图法等，常常是首先利用分层法将原始数据分门别类，然后再进行统计分析的。

三、排列图法

排列图又叫帕累托图或主次因素分析图，它是将所搜集的数据，按不良原因、不良状况、不良项目、不良发生的位置等不同区分标准而加以整理、分类，从中寻求占最大比率的原因、状况或位置，按其大小顺序排列后所做出的累计值柱形图[1]。

排列图是由两个纵坐标、一个横坐标、几个连起来的直方形和一条曲线所组成，如图 7-4 所示。左侧的纵坐标表示频数，右侧纵坐标表示累计频率，横坐标表示影响质量的各个因素或项目，按影响程度大小从左至右排列，直方形的高度示意某个因素的影响大小。

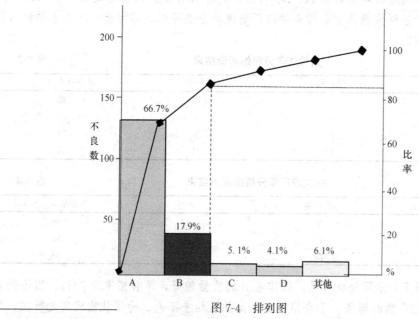

图 7-4 排列图

---

[1] 资料来源：黄宏升. 统计技术与方法在质量管理中的应用 [M]. 北京：国防工业出版社，2006.

实际应用中，通常按累计频率划分为（0%～80%）、（80%～90%）、（90%～100%）三部分，与其对应的影响因素分别为 A、B、C 三类。A 类为主要因素，B 类为次要因素，C 类为一般因素。

【示例 7-3】

某工地混凝土构件尺寸质量问题排列图

某工地现浇混凝土构件尺寸质量检查结果是：在全部检查的 8 个项目中不合格点（超偏差限值）有 150 个，为改进并保证质量，应对这些不合格点进行分析，以便找出混凝土构件尺寸质量的薄弱环节。

步骤 1：确定所要调查的问题及如何收集数据

（1）确定要所要调查的问题是哪一类问题，如不合格项目、金额损失、事故等。本例是需要调查现浇混凝土构件尺寸的不合格的质量问题。

（2）然后确定哪些数据是必须的，以及如何对数据进行分类。如按不合格类型、不合格发生的位置分，或按工序、机械设备分，或按操作者、操作方法分。也可按原因和结果分类，按结果分包括不良项目、场所、时间、工程等、按原因分包括材料（厂商、成分）、方式（作业条件、程序、方法、环境等）、人员（年龄、熟练程度、经验等）、设备（机械、工具等）等。分类的项目必须与问题的症结相对应。一般先从结果分类上着手，一边洞悉问题的所在，然后再进行原因分类，分析出问题产生的原因，以便采取有效的对策。将此分析的结果，依其结果与原因分别绘制排列图。数据分类后，将不常出现的项目归到"其他"项目中。本例中是以现浇混凝土构件尺寸质量问题发生的原因不同来分类。

（3）确定收集数据方法和期间，并按分类项目，在期间内收集数据。考虑发生问题的状况，从中选择恰当的期限（如一天、一周、一月、一季度或是一年为期间）来收集数据。此期间不可过长，以免统计对象有变化；也不可过短，以免只反映一时的情况。通常可采用检查表的形式收集数据。本例即采用检查表来收集数据，取得的统计表如表 7-6 所示。

不合格点数统计表   表 7-6

序号	检查项目	不合格点数	序号	检查项目	不合格点数
1	轴线位置	1	5	平面水平度	15
2	垂直度	8	6	表面平整度	75
3	标高	4	7	预埋设施中心位置	1
4	截面尺寸	45	8	预留孔洞中心位置	1

步骤 2：依分类项目，对数据进行整理，做成统计表

（1）按数量从大到小顺序排列，其他项排在最后一项，并求累积数（其他项一般不应大于前三项，若大于时应考虑对其细分）。本例中由于轴线位置、预埋设施中心位置和预留孔洞中心位置三项的不合格点数较少，将此三项合并为"其他"项。按不合格点的频数由大到小顺序排列各检查项目，"其他"项排在最后。

（2）以全部不合格点数为总数，计算各项的频率和累计频率，结果见表 7-7。

不合格点项目频数频率统计表 表 7-7

序 号	项 目	频 数	频率（%）	累计频率（%）
1	平面水平度	75	50	50
2	截面尺寸	45	30	80
3	平面水平度	15	10	90
4	垂直度	8	5.3	95.3
5	标高	4	2.7	98
6	其他	3	2	100
合计		150	100	

步骤 3：排列图的绘制

（1）画横坐标。将横坐标按项目数等分，并按项目频数由大到小顺序从左至右排列，该做表中横坐标分为六等份。

（2）画纵坐标。左侧的纵坐标表示项目不合格点数即频数，右侧纵坐标表示累计频率。要求总频数对应累计频率 100%。本例中 150 应与 100% 在一条水平线上。

（3）画频数直方形。以频数为高画出各项目的直方形。

（4）画累计频率曲线。从横坐标左端点开始，依次连接各项目直方形右边线及所对应的累计频率值的交点，所得的曲线即为累计频率曲线。

（5）记录必要的事项。如标题、收集数据的方法和时间等。

如图 7-5 为本例现浇混凝土构件尺寸不合格点的排列图。

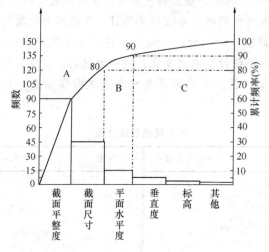

图 7-5 现浇混凝土构件尺寸不合格点排列图

对排列图进行观察与分析，利用 ABC 分类法，确定主次因素。将累计频率曲线按（0%～80%）、（80%～90%）、（90%～100%）分为三部分，各曲线下面所对应的影响因素分别为 A，B，C 三类因素，该例中 A 类即主要因素是表面平整度（2m 长度）、截面尺寸（墙、梁、板、柱和其他构件），B 类即次要因素是平面水平度，C 类即一般因素有垂直度、标高和其他项目。综上分析结果，下步应重点解决 A 类等质量问题。

使用排列图的注意以下事项：

（1）排列图是按所选取的项目来分析，因此，只能针对所做项目加以比较，对于项目以外的分析无能为力。

（2）做成的排列图如发现各项目分配比例相差不多时，则不符合排列图的法则，应从其他角度再作项目分类，再从新搜集资料来分析。

（3）制作排列图依据的数据应正确无误，方不致掩盖事实真相。

（4）排列图仅是管理改善的手段而非目的；因此，对于数据类别重点已清楚明确的，则无必要再浪费时间做排列图分析。

（5）做成排列图以后，如仍然觉得前面1～2项不够具体，无法据此采取对策时，可再做进一步的排列图，以便把握具体重点。

（6）排列图分析的主要目的是从排列图中获得情报，进而设法采取对策。如果所得到的情报显示第一位的不合格项目并非本身工作岗位所能解决时，可以先避开第一位次，而从第二位次着手。

（7）先着手改善第一位次的项目，采取对策将不合格率降低；但过不久问题再次出现时则需要考虑将要因重新整理分类，另作排列图分析。

（8）"其他"项若大于最大的前面3项，则应考虑对"其他"项再细分。

（9）必要时，可作分层次的排列图。对有问题的项目，再按层次作排列图。若想将各项加以细分化，且表示其内容时，可画积层排列图（或二层排列图）。重复层分别展开排列图时，虽容易找到真正不合格原因所在，但要注意其对整体不合格的贡献率（影响度）却变小。

四、因果分析图法

影响工程质量的原因很多，但从大的方面的分析不外乎人、材料、机器、方法和环境五个大的原因。每一个原因各有许多具体的小原因。在质量分析中，可以采用从大到小、从粗到细、顺藤摸瓜追根到底的方式把原因和结果的关系搞清楚，这就用到了因果分析图的方法。

因果分析法是利用因果分析图来系统整理分析某个质量问题（结果）与其产生原因之间关系的有效工具。因果分析图也称特性要因图，又因其形状常被称为树枝图或鱼刺图。它把影响产品质量的诸多因素之间的因果关系清楚地表示出来，使人一目了然，便于采取措施解决。

因果分析图的基本形式如图7-6所示。

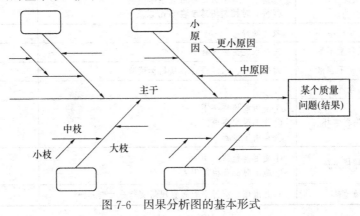

图7-6　因果分析图的基本形式

由图可见，因果分析图由质量特性（即质量结果指某个质量问题），要因（产生质量问题的原因），枝干（指一系列箭线表示不同层次的原因），主干（指较粗的直接指向质量结果的水平箭线）等所组成。

【示例7-4】

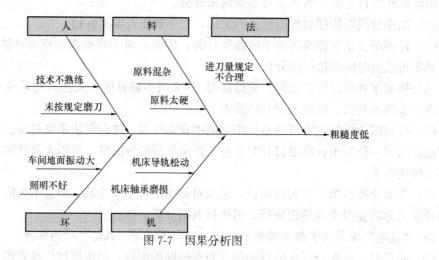

图 7-7　因果分析图

针对粗糙度低质量问题的因果分析图

需要注意的是绘制因果图不是目的，而是要根据图中所反映的主要原因，制定改进的措施和对策，保证产品质量。此外，因果图也要实现"重要的因素不遗漏"和"不重要的因素不要绘制"两方面的要求，可以利用排列图确定重要的因素，最终的因果图往往越小越好。

【示例7-5】

混凝土强度不足的对策表　　　　　　　　　　　　　　　表7-8

序号	产生问题原因	采取的对策	执行人	完成时间
1	分工不明确	根据个人特长、确定每项作业的负责人及各操作人员职责、挂牌示出		
2	基本知识差	①组织学习操作规程 ②搞好技术交底		
3	配合比不当	①根据数理统计结果，按施工实际水平进行配比计算 ②进行实验		
4	水灰比不准	①制作试块 ②搅制时每半天测砂石含水率一次 ③搅制时控制坍落度在5cm以下		
5	计量不准	校正磅秤		
6	水泥重量不足	进行水泥重量统计		
7	原材料不合格	对砂、石、水泥进行各项指标试验		
8	砂石含泥量大	冲洗		
9	振捣器常坏	①使用前检修一下 ②施工时配备电工 ③备用振捣器		
10	搅拌机失修	①使用前检修一次 ②施工时配备检修工人		
11	场地乱	认真清理，搞好平面布置现场实行分片制		

五、直方图法

由抽样或试验收集得到的计量值数据中，蕴存着产品质量特性的大量信息，但未经处理和归纳时，是分散而不规则的。只有经过处理和归纳后，信息才能显示出来。处理计量值数据的基本方法是列表和作图，通过这些表和图就能够大体看出数据所代表的产品质量特性[1]。

直方图又称质量分布图、矩形图、频数分布直方图。直方图是对从一个母体收集的一组数据用相等的组距分成若干组，画出以组距为宽度、以分组区内数据出现的频数为高度的一系列直方柱，按组界值（区间）的顺序把这些直方柱排列在直角坐标系里。直方图法是通过频数分布分析研究数据的集中程度和波动范围的统计方法。通过它可以了解工序是否正常，能力是否满足。

直方图的绘制主要有以下六个步骤：

(1) 收集数据；

(2) 找出数据中的最大值和最小值，并计算极差；

(3) 确定数据组数 k 及组距 h；

(4) 确定各组上、下界；

(5) 计算各组的组中值和各组的频数；

(6) 画直方图；

(7) 收集整理数据。

【示例 7-6】

测定 100 只螺栓的外径所得到的 100 个计量值数据（略）。

频数分布表　　　　　　　　　　　　　　表 7-9

组号	下界限～上界限	组中值	频数符号	频数
1	11.405～11.505	11.455		1
2	11.505～11.605	11.555		2
3	11.605～11.705	11.655		7
4	11.705～11.805	11.755		13
5	11.805～11.905	11.855		24
6	11.905～12.005	11.955		25
7	12.005～12.105	12.055		16
8	12.105～12.205	12.155		10
9	12.205～12.305	12.255		1
10	12.305～12.405	12.355		1

(1) 找出最小值和最大值：最小值 $S = 11.45$，最大值 $L = 12.35$，极差 $= 0.9$。

(2) 确定组距和组数：

利用公式 $m = 1 + 3.3\lg n$，当 $n = 100$ 时 $m = 1 + 3.3\lg 100 = 1 + 6.6 = 7.6 \approx 8$，即可以分为 8 组。

---

❶　资料来源：张欣天. 工程施工项目质量管理［M］. 北京：中国标准出版社，2006.

组距＝全距/组数＝0.9/8＝0.1125≈0.1

（3）确定各组上、下界，及端点的归属，制出如表7-9所示的频数分布表。

（4）以坐标横轴表示组距，坐标纵轴表示频数，所画出的矩形图称为频数直方图，简称直方图（图7-8）。

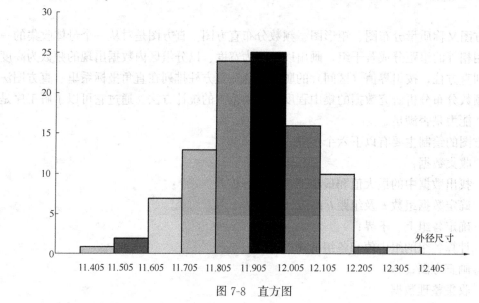

图7-8　直方图

产品质量特性值的分布，一般都是服从正态分布或近似正态分布。当产品质量特性值的分布不是正态分布时，往往表示生产过程不稳定，或生产工序的加工能力不足。因而，由产品质量特性值所作的直方图的形状，可以推测生产过程是否稳定，或工序能力是否充足，由此可对产品的质量状况作出初步判断。根据产品质量特性值的频数分布，可将直方图分为正常型直方图和异常型直方图两种类型。

常见异常性直方图介绍　　　　　　　　　　　　　　表 7-10

异常性直方图	形 状 描 述	发 生 原 因
孤岛型直方图	在主体直方图的左侧或右侧出现孤立的小块，像一个孤立的小岛	造成原因可能是一时原材料发生变化，或者一段时间内设备发生故障，或者短时间内由不熟练的工人替班等
双峰型直方图	双峰型直方图是指在直方图中有左右两个峰，出现双峰型直方图	由于观测值来自两个总体、两种分布，数据混在一起。往往是由于将两个工人或两台机床等加工的相同规格的产品混在一起所造成的
折齿型直方图	折齿型直方图形状凹凸相隔，像梳子折断齿一样	多数是由于测量方法，或读数存在问题，或处理数据时分组不适当等原因造成。应重新收集和整理数据
绝壁型直方图	绝壁型直方图左右不对称，并且其中一侧像高山绝壁的形状	当用剔除了不合格品的产品质量特性值数据作直方图时，往往会出现绝壁型直方图。此外，亦可能是操作者的工作习惯，习惯于偏标准下限，于是出现左边绝壁的直方图
平顶型直方图	平顶型直方图形状顶部较平整，没有较大起伏	由于多个总体、多种分布混在一起

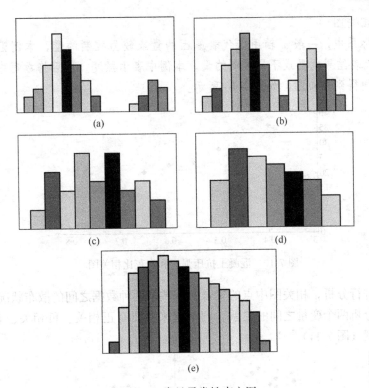

图 7-9 常见异常性直方图

(a) 孤岛型；(b) 双峰型；(c) 拆齿型；(d) 绝壁型；(e) 平顶型

六、相关图法

相关图又称散布图，在质量控制中它是指把对应的有相关关系的两类数据，对应于直角坐标系的横坐标和纵坐标的相应的点，绘制的由一系列的点组成的图。工程质量受到各种因素的影响，各因素之间、产品质量特性之间相互影响，构成结果与原因的关系。这种变量之间的关系大致可分为三类：一是质量特性和影响因素之间的关系；二是质量特性和质量特性之间的关系；三是影响因素和影响因素之间的关系。

对于两个变量通过绘制散布图，计算相关系数等，分析研究它们之间是否存在相关关系，以及这种关系密切程度如何，进而对相关程度密切的两个变量，通过对其中一个变量的观察控制，去估计控制另一个变量的数值，以达到保证产品质量的目的。

【示例 7-7】

分析混凝土抗压强度和水灰比之间的关系

(1) 收集数据

要成对地收集两种质量数据，数据不得过少。本例收集数据如表 7-11 所示。

混凝土抗压强度与水灰比统计资料   表 7-11

序 号		1	2	3	4	5	6	7	8
x	水灰比（W/C）	0.4	0.45	0.5	0.55	0.6	0.65	0.7	0.75
y	强度（N/mm²）	36.3	35.3	28.2	24.0	23.0	20.6	18.4	15.0

（2）绘制相关图

在直角坐标系中，一般 x 轴用来代表原因的量或较易控制的量，本例汇总表示水灰比；y 轴用来代表结果的量或不易控制的量，本例中表示强度。然后将数据中相应的坐标位置上描点，便得到散布图，如图 7-10 所示。

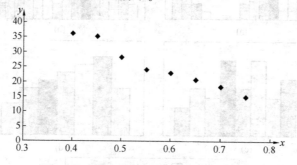

图 7-10　混凝土抗压强度和水灰比相关图

对相关图进行分析，相关图中点的集合，反映了两种数据之间的散布状况，根据散布状况我们可以分析两个变量之间的关系。归纳起来主要有正相关、负相关、非线性相关、不相关四种类型（图 7-11）。

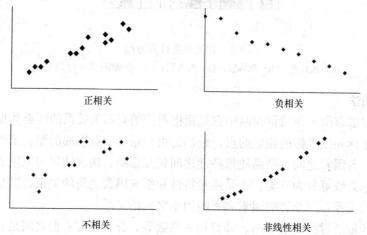

图 7-11　相关图类型

相关图类型具体描述　　　　　　　　　　　　　　　　　　　　表 7-12

相关图类型	具 体 描 述
正相关	散布点基本形成由左至右向上变化的一条直线带，即随 x 增加，y 值也相应增加
负相关	散布点形成由左向右向下的一条直线带，即随 x 增加，y 值减小。
非线性相关	散布点呈一曲线带，即在一定范围内 x 增加，y 也增加
不相关	散布点形成一团或平行于坐标轴的直线带。说明 x 变化不会引起 y 的变化或其变化无规律

七、控制图法

无论是排列图、直方图，还是因果分析图，它们所表示的都是质量在某一段时间里静止状态。但在生产工艺过程中，产品质量的形成是个动态过程，因此，控制生产工艺过程的质量状态，就成了控制工程质量的重要手段。这就必须在产品制造过程中及时了解质量随时间变化的状况，使之处于稳定状态，而不发生异常变化，这就需要利用控制图法。

控制图是指以某质量特性和时间为轴，在直角坐标系所描的点，依时间为序所连成的折线，加上判定线以后，所画成的图形。

它是研究产品质量随着时间变化，如何对其进行动态控制的方法。它的使用可使质量控制从事后检查转变为事前控制。借助于控制图提供的质量动态数据，人们可随时了解工序质量状态，发现问题、分析原因，采取对策，使工程产品的质量处于稳定的控制状态。

控制图基本形式如下，在直角坐标上画出两条控制界限和一条中心线，把按时间顺序抽样所得的质量特性值（或样本统计量）以点的形式依次描到图上。其中，横坐标为样本序号或抽样时间，纵坐标为质量特性或样本统计量。两条控制界限一般用虚线表示，上面的一条称为上控制界限，用符号 UCL 表示；在下面的一条称为下控制界限用符号 LCL 表示；中间的一条实线称为中心线，用符号 CL 表示。中心线标志着质量特性值分布的中心位置，上下控制界限标志着质量特性值允许波动范围。

对控制图进行分析，如果点随机排列且落在两控制界限之间，则表明生产过程基本上处于正常状态；如果点超出控制界限，或点落在控制界限以内，但排列是非随机的，则表明生产系统发生了异常变化，生产过程处于失控状态，必须采取措施进行控制。

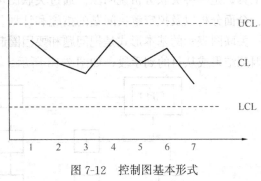

图 7-12　控制图基本形式

控制图的用途主要有两个：

（1）过程分析，即分析生产过程是否稳定。为此，应随机连续收集数据，绘制控制图，观察数据点分布情况并判定生产过程状态；

（2）过程控制，即控制生产过程质量状态。为此，要定时抽样取得数据，将其变为点描在图上，发现并及时消除生产过程中的失调现象，预防不合格品的产生。

不过在使用控制图应用的注意以下三点：

（1）控制图应用时，对于确定的控制对象，即质量指标，要能够定量，如果只有定性要求而不能定量时，不能应用控制图；

（2）被控制的过程必须具有重复性；

（3）控制图能起到预防、稳定生产和保证质量的作用，但它是在现有条件下所起的作用，而控制图本身并不能保证现有生产条件处于良好状态。要保证生产条件的良好状态，还应不断地进行质量的改进。

第三节　质量管理的新工具

随着人们对质量管理工作认识的加深，质量管理成为企业文化的一部分，质量工作被纳入到企业战略工作中，质量管理方法有了进一步的发展的需要，因此又产生了新型的质量管理方法：关联图法、亲和图法（KJ 图法）、系统图法、矩阵图法、过程决策程序图法（PDPC 法）、网络图法和矩阵数据分析法等。本节将就这些方法进行介绍。除了上面提到的这些质量管理方法外，随着统计技术在质量管理中的应用不断深入及应用领域的不断扩大，计算机在质量管理工作中的应用不断得到推广。统计过程控制、试验设计、假设检验、回归分析、方差分析、测量系统分析、测量不确定评估等统计技术与方法在质量管理中的应用都得到不断深化[1]。

一、关联图法

在现实的工程项目中，所要解决的课题往往关系到提高产品质量和生产效率、节约资源和预防环境污染等方方面面，而每一方面都与复杂的因素有关。质量管理中的问题同样也多是由各种各样的因素组成。解决如此复杂的问题，不能以一个管理者为中心，一个一个因素地予以解决，必须由多方管理者和多方有关人员密切配合、在广阔范围内开展卓有成效的工作。关联图法即是适用于这种情况的方法。

（一）关联图法的概念

所谓关联图，是把若干个存在的问题及其因素间的因果关系用箭头连接起来的一种图示工具，是一种关联分析说明图。通过关联图可以找出因素之间的因果关系，便于统观全局、全面分析以及拟定解决问题的措施和计划。

关联图表示的基本形式是把问题和要因圈起来，用箭头表示其因果关系，箭头总是从原因到结果或从目的到手段，如图 7-13 所示。

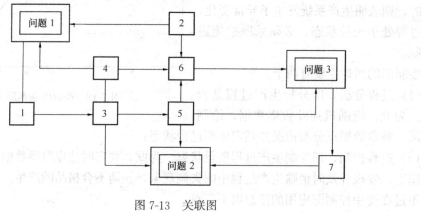

图 7-13 关联图

（二）关联图的用途

（1）制定全面质量管理计划；

（2）制定质量保证与质量管理的方针；

（3）制定生产过程的质量改进措施；

（4）解决工期、工序管理上的问题；

（5）改进各部门的工作。

（三）关联图的种类

---

❶ 资料来源：熊英，王宏伟. 项目质量管理 [M]. 武汉：湖北科学技术出版社，2008.

（1）中央集中型关联图。把重要问题或终端因素安排在中央，从关系最近要因排列逐步向四周扩散，如图 7-14 所示。

（2）单向集约关联图。把重要项目或应解决的问题放在右侧，将各要因按主要因果关系的顺序从左向右排列，如图 7-15 所示。

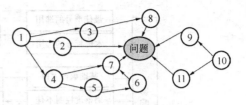

图 7-14　中央集中型关联图

（3）应用型关联图。以上两种形式为基础加以组合运用，外加部门名称、工序、材料等形成应用型关联图，如图 7-16 所示。

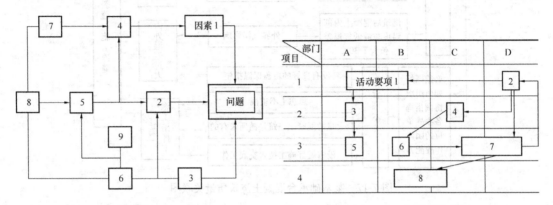

图 7-15　单向集约型关联图　　　　　　图 7-16　应用型关联图

（四）关联图的绘制步骤

（1）提出解决某一问题的各种因素；

（2）用简明确切的文字表达出来；

（3）确定问题和因素间的因果关系并用箭头连接起来；

（4）重复校对补充遗漏问题和因素；

（5）确定终端因素，采取措施。

【示例 7-8】

关联图应用实例

某工程基础承台 6700m³ 混凝土，要求一次浇捣完成。为保证大、厚体积混凝土的浇筑质量，用关联图寻找水泥水化热大的原因，如图 7-17 所示，然后采取有效措施予以解决。

二、KJ 图法

（一）KJ 图法的概念

KJ 图法又称亲和图法或 A 型图解法，是 1953 年日本人川喜田二郎在探险尼泊尔时，对野外调查结果的资料进行整理时研究开发出来的，是针对某一问题，充分收集各种经验、知识、创意、意见等语言文字材料，按照其相互亲和性归纳整理，使问题更为明确，并使大家取得统一认识的方法，是有利于问题解决的一种方法。

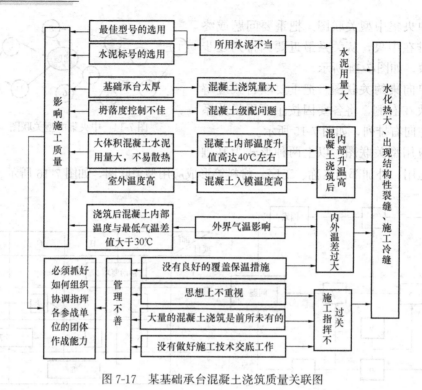

图 7-17　某基础承台混凝土浇筑质量关联图

（二）KJ 图的用途

亲和图是典型的思考性方法，它应用于认识事物，形成构思，提出新的方针计划和贯彻方针。KJ 图的主要用途有：

（1）制订质量管理方针，拟定质量管理计划；

（2）制订新工艺、新技术的质量方针与计划；

（3）开展质量管理小组活动；

（4）研究质量保证应有的作法。

（三）KJ 图的种类

亲和图通常根据参与的人员分类，一般可以分为两类：

（1）个人亲和图：主要工作由一个人进行，重点放在资料的组织整理上。

（2）团队亲和图：由两个或两个以上的人员进行，重点放在策略上。

（四）KJ 图绘制步骤

KJ 图不需将现象数量化，它只需要搜集语言、文字之类的资料，然后把他们综合归纳为问题。其步骤为：

（1）确定分析的题目；

（2）搜集语言、文字资料；

（3）将语言文字资料做成卡片；

（4）将内容相近的卡片集中在一起，即根据语言文字的亲和性来归纳卡片；

（5）将各组卡片立出标题，并将不合适的卡片剔除；

（6）作图，即将每组卡片展开，排列位置，将其贴在一张纸上；

（7）将上述用文字卡片做成的图，以文字形式或口头发表出来，并提出自己的观点。

【示例 7-9】

亲和图应用实例

图 7-18 是用亲和图解制订的抹灰工程质量管理计划。

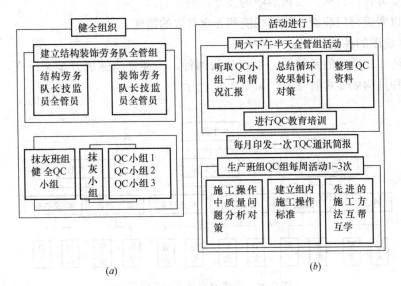

图 7-18 抹灰工程质量管理计划亲和图

三、系统图法

（一）系统图的概念

所谓系统图法，就是把要达到的目的（目标）与需要采取的措施或手段系统地展开，并绘制成图，以明确问题的重点，寻找最佳手段或措施，如图 7-19 所示。

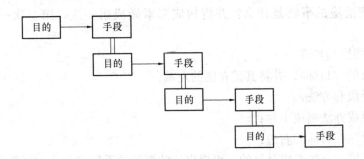

图 7-19 措施展开型系统图

在计划与决策中，为了达到某种目的，就需要选择和考虑某种手段；而为了采取这一手段，又需要考虑其下一级的相应手段。这样，上一级手段成为下一级手段的目的。就这样把要达到的目的和需要的手段层层展开，知道可以采取措施为止，并绘成系统图，就能对问题有一个全貌的认识，然后从图中找出问题的重点，提出实现预定目标的最理想途径。

（二）系统图的用途

（1）新产品开发过程中进行质量设计开展；

（2）施工中项目管理目标的分解和展开；

（3）解决企业内部的质量、成本、产量等问题时进行措施展开；

（4）企业方针、目标、实施事项的展开；

（5）用以明确部门职能，管理职能和寻求有效的措施。

（三）系统图的种类

系统图法中，所用的系统图一般可分为两种，一种是措施展开型系统图，如图 7-20 所示，另一种是构成要素展开型，如图 7-21 所示。

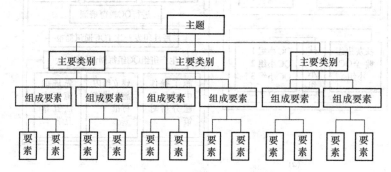

图 7-20　构成要素展开型系统图

措施展开型系统图就是显示目的与手段之间的相关性，将达到目的的所有手段均写出具体地表现达成目的的可能，并依据措施展开的方法做措施的第一次，第二次，第三次……第 n 次展开。

构成要素展开型系统图就是将改善的措施与其内容之间的相关性显示出来，能够让人们了解构成改善措施的事物是什么？并将构成要素做成第一次，第二次……第 n 次的展开。

（四）系统图绘制步骤

（1）制订目的（目标），并将其记在图的左端；

（2）提出手段和方法；

（3）将手段或办法制成卡片；

（4）将卡片贴在目标的右边；

（5）将此手段、办法看成是目的，再提出达此目的的手段和办法，逐级向下展开，形成系统图；

（6）确认目的，由最后一级手段逐步向上级手段（目的）检查，看是否能真正实现此目的；

（7）制定实施计划，将系统图的各项手段具体化，定出实施内容、日程及责任分工等；

（8）系统图的作法如图 7-21 所示。

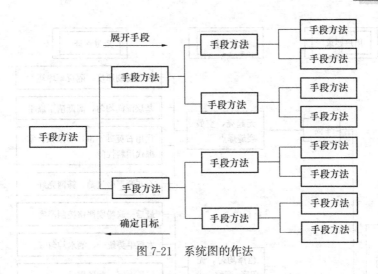

图 7-21　系统图的作法

【示例 7-10】

系统图应用实例

图 7-22 是清水外粉刷质量保证系统图。

四、矩阵图法

（一）矩阵图法的概念

矩阵图是一种利用多维思考逐步明确问题的方法，它是将问题的成对因素（如因果关系、质量特性与质量要求的对应关系、应保证的质量特性与负责部门的关系等）排列成行与列的图。

矩阵图由对应事项、事项中的具体元素和对应元素交点三个部分组成。其做法是，从问题事项中，列出成堆的要素群，并分别排列成行和列，标出其间行与列的相关性或相关程度大小的一种方法。对于两个以上目的或结果要找出原因或对策时，用矩阵图比其他工具更为方便。

（二）矩阵图法的用途

（1）确定系统产品的研制或改革重点；

（2）原材料的质量展开以及其他展开；

（3）建立或加强能使产品质量与管理机能相关联的质量保证体制；

（4）追查生产过程中的不良原因等。

（三）矩阵图的种类

在矩阵图法中，按矩阵图的形式可分为 L 型矩阵、T 型矩阵、Y 型矩阵、X 型矩阵和 C 型矩阵五大类。C 型矩阵不常用，实际使用过程中通常将其分解成三张 L 型矩阵图联合分析，因此在这里不作介绍。

（1）L 型矩阵。这是一种最基本的矩阵图，它是将由 A 要素与 B 要素组成的事件按行和列排列成如图 7-24 那样的矩阵图。这种 L 型矩阵图适用于探讨多种目的与多种手段之间、多种结果与多种原因之间的关系。

（2）T 型矩阵。这是 A 要素与 B 要素的 L 矩阵图同 A 要素与 C 要素的 L 矩阵图的组

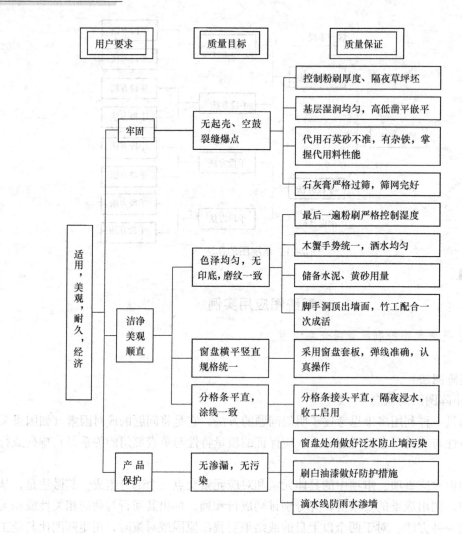

图 7-22　清水外粉刷质量保证系统图

		A 类因素					
		A_1	A_2	...	A_j	...	A_n
B 类 因 素	B_1	●	●				
	B_2		○		○		
	...						
	B_i		○		●		
	...						
	B_m						○

图 7-23　矩阵图

合使用的矩阵图，如图 7-25 所示，即 A 要素分别与 B 和 C 要素相对应的矩阵图。

（3）Y 型矩阵。把三个 L 型矩阵图组合在一起，构成 Y 型矩阵图（图 7-26），即 A 要素与 B 要素，B 要素与 C 要素，C 要素与 A 要素三个 L 型矩阵组合使用。

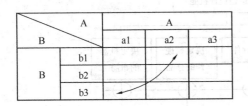

图 7-24　L 型矩阵图

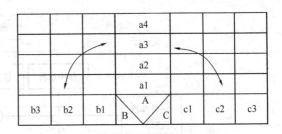

图 7-25　T 型矩阵图

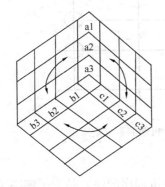

图 7-26　Y 型矩阵图

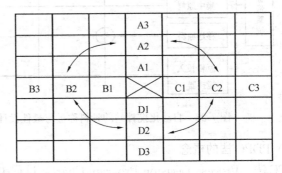

图 7-27　X 型矩阵图

（4）X 型矩阵。把四个 L 型矩阵图组合在一起，构成 X 型矩阵图，即 A 要素与 B 要素，B 要素与 C 要素，C 要素与 D 要素，D 要素与 A 要素四个 L 型矩阵组合使用。

（四）矩阵图的绘制步骤

以 L 型矩阵图的制作为例，其步骤为：

（1）确定使用目的，矩阵图在制作过程中，常因使用目的不同而有不同的制作方法；

（2）确定各要素，如果是绘制产品质量要求的矩阵图，则需要注意处理质量要求和代用特性之间的关系，尽量将代用特性细分展开后，填入列的子项中；

（3）将行与列的项目置在白纸上，制作矩阵图；

（4）观察行与列的关系，在交叉点上注记，交叉点是矩阵图的重点，因此要在交叉点填入关系强弱的记号时，应通过讨论的方式确定；

（5）由全体成员查看是否遗漏或需要修改交叉点，并以全体讨论的方式取得共识。

【示例 7-11】

矩阵图应用实例

图 7-28 是自动化搅拌站的骨料称量与最佳设计机能的系统矩阵图示例。

五、PDPC 法

在质量管理中，要达到目标或解决问题，总是希望按计划推进原定各实施步骤，但因各方面情况的变化，往往需要临时改变计划。特别是解决困难的问题，修改计划的情况更是经常发生。为了应付这种情况，就提出了一种有助于使事态向理想方向发展的解决问题的方法——PDPC 法。

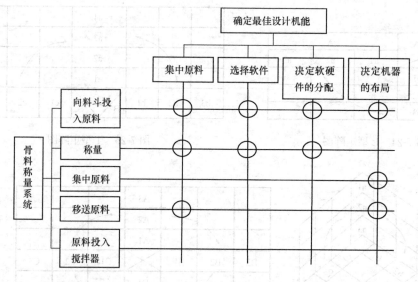

图 7-28　自动化搅拌站的骨料称量与最佳设计机能的系统矩阵图

（一）PDPC 法的概念

PDPC 法（Process Decision Program Chart，过程决策程序图法）是为了解决某个任务或达到某个目标，在制定行动计划或进行方案设计时，预测可能事先可以考虑到的不理想事态或结果，相应地提出多种应变计划的一种方法，如图 7-29 所示。

PDPC 法兼顾预见性和随机应变性。在编制 PDPC 图时，不仅提出各阶段目标和手段（类似系统图），而且还预测实施结果，尽量预见采取措施，以达到令人满意的结果。如果在实施过程中发生了意外情况，则立即对原 PDPC 图做出修改或补充。

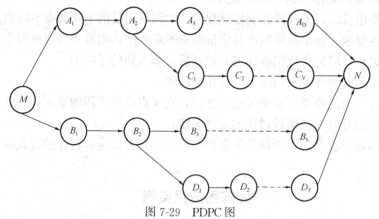

图 7-29　PDPC 图

（二）PDPC 法的用途

PDPC 法主要适用于下列几个方面：

（1）制定方针目标管理中的实施计划，如降低不合格率的实施计划；

（2）制定研发项目的实施计划；

（3）对整个系统的重大事故进行预测；

（4）制定控制工序的措施；

（5）运用于提高产品或系统的安全性和可靠性的过程中。

（三）PDPC 法的种类

一般情况下 PDPC 法可分为依次展开型和强制连接型。

（1）一次展开型就是一边进行问题解决作业，一边收集信息，一旦遇上新情况或新作业时就立刻标示于图表上。

（2）强制连接型就是在进行作业前，为达到目标，在所有过程中被认为有阻碍的因素事先提出，并且制定出对策，将它标示于图表上。

（四）PDPC 法绘图步骤

PDPC 法可按以下步骤进行制作：

（1）邀请各方面的人员讨论要解决的问题，会前先提出一系列实施项目的初步方案，便于大家发表意见；

（2）从讨论中选定需要研究的事项；

（3）预测实施结果，如果措施无法实施或实施效果不佳，则应进一步提出另外的方案；

（4）确定各项目实施的先后顺序，用箭头向理想状态连线；

（5）不同线路上的相关事项可用虚线连接起来；

（6）负责几条线路的实施部门，应将这几条线路用细线圈起来；

（7）确定过程结束的预定日期。

【示例 7-12】

PDPC 应用实例

图 7-30 是某维修 QCC 小组制定保证减少设备停机影响均衡生产的 PDPC 图来指导小组工作。

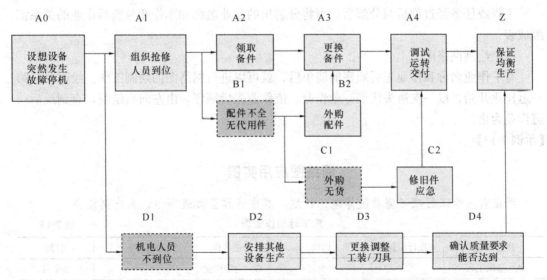

图 7-30 减少设备停机影响生产的 PDPC 图

六、网络图法

（一）网络图法的概念

网络图法又称箭头图法或网络分析技术。它是安排和编制最佳日常计划，有效地实施进度管理的一种科学管理方法。

网络分析技术是把工程或任务作为一个系统加以处理，将组成系统的各项工作的各个阶段，按其时间顺序和从属关系，通过网络形式联系起来。它把一项工程的各项作业的相互依赖和制约的关系清晰地表示出来，指出对全局有影响的关键作业和关键路线。

网络分析技术特别适用于一次性工程或任务。通过箭头图可以发现影响工程进度的关键和非关键因素，因而能统筹安排、协调，合理地利用资源，提高生产效率。工程或任务愈复杂，采用网络分析技术收益愈大，也更便于应用计算机进行数据处理。

（二）网络图法的用途

网络图的应用范围相当广，任何计划均可应用。在工程中常用于制定工程进度管理。它的主要用途有：

（1）产品开发的推进计划及其进度管理；

（2）各种生产计划及 QC 活动的协调；

（3）为求缩短工时的工程解析；

（4）作业步骤与时间的最优化；

（5）各种事物的筹备等。

（三）网络图绘制

（1）工程或任务的剖析与分解

在对工程或任务的内容和要求有明确认识的基础上，根据需要与可能可分解成一定数量的作业。对于庞大的、复杂的工程或任务，常常编制总网络图、分网络图和作业网络图。总网络图主要反映工程主要组成部分间的组织性联系，它由工程或任务的领导部门掌握；分网络图是各独立的组成部分之间的工作过程和组织的联系。作业网络图是最具体、最详细的生产性的网络图，如砌砖墙的步骤安排、基础的浇筑等。

工程或任务经过剖析与分解后，可将分解出的作业名称和本作业与前后作业的关系汇编成表。

（2）绘制网络图

有了作业名称和作业先后顺序的清单后，就可以进行网络图的绘制工作。绘制时从第一道作业开始，以一支箭头代表一个作业，依作业先后顺序，由左向右绘制，直到最后一道作业为止。

【示例 7-13】

网络图应用实例

现在有一个工程项目需要统筹施工计划，其中各作业如表所示，画出网络图。

施工计划作业表　　　　　　　　　　　　　　表 7-13

作业名称	先行作业	时间	作业名称	先行作业	时间
A. 基础工程		2 个月	G. 内壁作业	B	2 个月
B. 骨架组合	A	4 个月	H. 电路配线	B	1 个月
C. 建具装设	B	3 个月	I. 内壁油漆	FGH	2 个月
D. 外壁工程	B	2 个月	J. 内壁粉刷	C	2 个月
E. 外壁粉刷	D	1 个月	K. 验收交屋	EIJ	1 个月

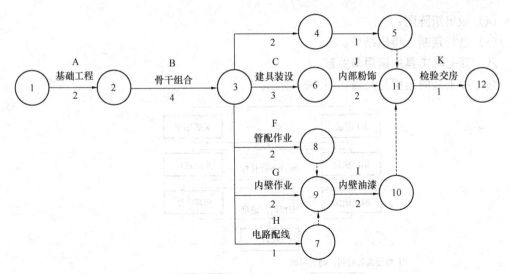

图 7-31 施工作业网络图

七、矩阵数据分析法

在统计技术的各种方法中，存在着一种用于解析诸多因素复杂地纠合在一起的统计方法，称为多变量分析法（multivariate analysis）。在多变量分析法中，主成分分析法（principal component analysis）理论比较成熟并且得到企业界广泛的应用，该方法在质量管理中的应用称之为矩阵数据分析法[❶]。

（一）矩阵数据分析法的概念

矩阵数据分析法是将矩阵图中行与列的相关联度，以数字或记号（如 0，1，或○，△，×等）配入，并利用主成分分析法从行列关系中分析出各主成分的固有向量值（即比例），然后计算其主成分得分，将主成分得分以 x，y 坐标表示，值数目众多的数据经由图解后能一目了然。简言之，矩阵数据分析图法是为了解矩阵图中排列的众多数据，而进行的整理、计算、判断、解析得出结果，以决定新产品开发或体质改善重点的一种方法。

（二）矩阵数据分析法的用途

矩阵数据分析法在质量管理中，主要应用于以下几方面：

（1）分析有复杂因素组成的工序；

（2）分析由大量数据组成的不良因素；

（3）从市场调查的数据中把握质量要求，进行产品市场定位分析；

（4）功能特征的分类系统化；

（5）对复杂的质量进行评价；

（6）对应曲线的数据分析。

（三）矩阵数据分析法的实施步骤

（1）收集资料；

（2）确定因素对质量的影响程度，求相关系数；

（3）以计算机辅助计算，由相关行列求出固有值及固有向量值；

---

❶ 资料来源：李卫红，杨练根．质量统计技术［M］．北京：中国计量出版社，2006．

（4）做出矩阵图；

（5）进行判断，得出结果。

八、新七种工具的运用与关系

新七种工具的运用与关系如图7-32所示。

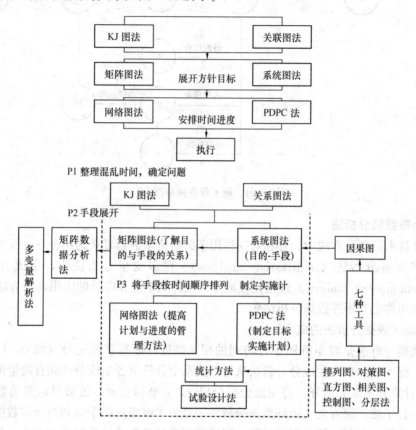

图 7-32　新七种工具的运用与关系

复 习 思 考 题

一、单项选择题

1. 在工程项目施工中，对于砂、石、水泥等散料，在抽样检验时样品的抽取方法通常采用（　　）

A. 随机取样法　　　B. 机械抽样法　　　C. 分层抽样法　　　D. 二次抽样法

2. 在生产过程中，如果仅仅存在偶然性原因，而不存在系统性原因的影响，这时生产过程处于（　　）

A. 系统波动　　　B. 正常波动　　　C. 异常波动　　　D. 偶然波动

3. 在下列直方图的分布状态中，由短期内不熟练的工人替班所造成的分布状态是（　　）。

A. 锯齿分布　　　B. 偏态分布　　　C. 孤岛分布　　　D. 双峰分布

4. 在工程质量控制中，（　　）是典型动态分析法。

A. 排列图　　　B. 直方图　　　C. 因果分析图　　　D. 控制图

5. （　　）是把若干个存在的问题及其因素间的因果关系用箭头连接起来的一种图示工具。

A. 系统图　　　B. 网络图　　　C. 因果分析图　　　D. 关联图

二、多项选择题

1. 可以用来寻找影响质量原因的方法有（　　）

A. 调查表法　　　　B. 分层法　　　　C. 排列图法　　　　D. 因果分析图法

E. 控制图法

2. 控制图的异常情况有（　　）

A. 周期性变动　　　B. 多次同列　　　C. 趋势或倾向　　　D. 离散性强

E. 点子排列接近控制界限

3. 矩阵图按形式分可分为（　　）

A. L 型矩阵　　　　B. T 型矩阵　　　C. Y 型矩阵　　　　D. X 型矩阵

E. C 型矩阵

4. 以下（　　）是质量管理的新工具。

A. KJ 图法　　　　　B. PDPC 图法　　　C. 相关图法　　　　D. 矩阵数据分析法

E. 分层法

三、简答

1. 为什么质量数据会有波动性？

2. 控制图的用途有哪些？

四、案例分析

某高层建筑，框剪结构，共计 18 层，第 1 层至第 3 层外墙装修为彩色方块瓷砖面层，第 4 层至第 18 层外墙装修为涂料面层。涂料工程施工完毕，发现存在空鼓开裂的质量问题，现抽查了问题比较严重的部位共 80 处，调查统计结果如表 7-14 所示。

质量问题调查统计结果表　　　　　　　　　　　　　　　　表 7-14

空鼓开裂的原因	出现频数
砂浆粉刷层太厚（外墙平整度差）	16
砂粒径过细	45
后期养护不良	5
配合比不当	7
水泥标号太低	2
砂浆终凝前处理不当	2

问题：

1. 将涂料工程质量原因调查的数据绘制成排列图。

2. 根据排列图分别指出影响涂料工程质量的主要因素、次要因素和一般因素。

3. 画排列图时要特别注意分层，主要因素不应超过多少个？为什么？

选择题参考答案

一、1. C；2. B；3. C；4. D；5. D

二、1. ABCD；2. ABCE；3. ABCDE；4. ABD

第八章 质量管理体系

第一节 概　　述

一、为什么要建立质量管理体系？

第二次世界大战期间，世界军事工业得到了迅猛发展。一些国家的政府在采购军品时，不但提出了对产品特性的要求，还对供应厂商提出了质量保证的要求。20世纪50年代末，美国发布了 MIL-Q-9858A《质量大纲要求》，成为世界最早的有关质量保证方面的标准。20世纪70年代初，借鉴军用质量保证标准的成功经验，美国标准化协会（ANSI）和美国机械工程师协会（ASME）分别发布了一系列有关原子能发电和压力容器生产方面的质量保证标准。美国军品生产方面的质量保证活动的成功经验，在世界范围内产生了很大的影响。一些工业发达国家，如英国、美国、法国和加拿大等国在20世纪70年代末先后制订和发布了用于民品生产的质量管理和质量保证标准。但是，各国实施的标准不一致，给国际贸易带来了障碍，质量管理和质量保证的国际化成为当时世界各国的迫切需要。

随着地区化、集团化、全球化经济的发展，市场竞争日趋激烈，顾客对质量的期望越来越高。各个组织为了竞争和保持良好的经济效益，努力设法提高自身的竞争能力以适应市场竞争的需要。为了成功地领导和运作一个组织，需要采用一种系统的和透明的方式进行管理，针对所有顾客和相关方的需求，建立、实施并保持持续改进其业绩的管理体系，从而使组织获得成功。

顾客要求产品具有满足其需求和期望的特性。这些需求和期望在产品规范中表述。如果提供产品的组织的质量管理体系不完善，那么规范本身不能保证产品始终满足顾客的需要。

因此，对各方面的关注导致了质量管理体系标准的产生，并以其作为对技术规范中有关产品要求的补充。

二、ISO 9000 族标准

国际标准化组织（ISO）于1979年成立了质量管理和质量保证技术委员会（TC176），负责制定质量管理和质量保证标准。1986年，ISO 发布了 ISO 8402《质量——术语》标准，1987年发布了 ISO 9000《质量管理和质量保证标准——选择和使用指南》、ISO 9001《质量体系——设计开发、生产、安装和服务的质量保证模式》、ISO 9002《质量体系——生产和安装的质量保证模式》、ISO 9003《质量体系——最终检验和试验的质量保证模式》、ISO 9004《质量管理和质量体系要素——指南》等6项标准，通称为 ISO 9000 系列标准。

ISO 9000 系列标准的颁布，使各国的质量管理和质量保证活动统一在 ISO 9000 族标准的基础之上。标准总结了工业发达国家先进企业的质量管理的实践经验，统一了质量管理和质量保证的术语和概念，并对推动组织的质量管理，实现组织的质量目标，消除贸易壁垒，提高产品质量和顾客的满意程度等产生了积极的影响，得到了世界各国的普遍关注和采用。迄今为止，它已被全世界多个国家和地区等同采用为国家标准，并广泛用于工业、经济和政府的管理领域，有 50 多个国家建立了质量管理体系认证制度，世界各国质量管理体系审核员注册的互认和质量管理体系认证的互认制度也在广泛范围内得以建立和实施。

三、ISO 9000 族标准在中国的发展情况

1987 年 3 月 ISO 9000 系列标准正式发布以后，我国在原国家标准局部署下组成了"全国质量保证标准化特别工作组"。1988 年 12 月，我国正式发布了等效采用 ISO 9000 标准的 GB/T 10300《质量管理和质量保证》系列国家标准，并于 1989 年 8 月 1 日起在全国实施。

1992 年 5 月，我国决定等同采用 ISO 9000 系列标准，制订并发布了 GB/T 19000—1992 idt ISO 9000：1987 系列标准，1994 年又发布了 1994 版的 GB/T 19000 idt ISO 9000 族标准。

我国对口 ISO/TC 176 技术委员会的全国质量管理和质量保证标准化技术委员会（以下简称 CSBTS/TC 151），是国际标准化组织（ISO）的正式成员，参与了有关国际标准和国际指南的制定工作，在国际标准化组织中发挥了十分积极的作用。CSBTS/TC 151 承担着将 ISO 9000 族标准转化为我国国家标准的任务，对 2000 版 ISO 9000 族标准在我国的顺利转换起到了十分重要的作用。

国家质量技术监督局已将 2000 版 ISO 9000 族标准等同采用为中国的国家标准，其标准编号及与 ISO 标准的对应关系分别为：

GB/T 19000—2000《质量管理体系 基础和术语》（idt ISO 9000：2000）

GB/T 19001—2000《质量管理体系 要求》（idt ISO 9001：2000）

GB/T 19004—2000《质量管理体系业绩改进指南》（idt ISO 9004：2000）

第二节　什么是质量管理体系？

一、质量管理体系的概念

质量管理体系（Quality Management System，QMS），即"在质量方面指挥和控制组织的管理体系"，通常包括制定质量方针、目标以及质量策划、质量控制、质量保证和质量改进等活动。实现质量管理的方针目标，有效地开展各项质量管理活动，必须建立相应的管理体系，这个体系就叫质量管理体系。

二、质量管理原则

GB/T 19000—2000 族标准为了成功地领导和运作一个组织，针对所有相关方的需求，实施并保持持续改进其业绩的管理体系，做好质量管理工作。为了确保质量目标的实现，明确了以下八项质量管理原则：

原则 1——以顾客为关注焦点（Customer focus）

原则 2——领导作用（Leadership）

原则 3——全员参与（Involvement of people）

原则 4——过程方法（Process approach）

原则 5——管理的系统方法（System approach management）

原则 6——持续改进（Continual improvement）

原则 7——基于事实的决策方法（Factual approach to decision making）

原则 8——与供方互利的关系（Mutually beneficial supplier relationships）

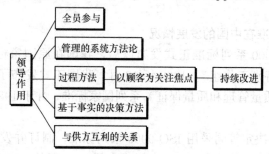

图 8-1　质量管理八项原则之间的关系

八项质量管理原则可以统一、概括地描述为：组织的最高管理者充分发挥"领导作用"，采用"过程方法"和"管理的系统方法"，建立和运行一个"以顾客为关注焦点"、"全员参与"的质量管理体系，注重以数据分析等"基于事实的决策方法"，使体系得以"持续改进"。在满足顾客要求的前提下，使供方受益，并建立起"与供方互利的关系"，以期在供方、组织和顾客这条供应链上的良性运作，实现多赢的共同愿望。

三、质量管理体系的基础

GB/T 19000—2000 标准的第 2 章"质量管理体系基础"中列出了十二条，包括两大部分内容，一部分是八项质量管理原则具体应用于质量管理体系的说明，另一部分是对其他问题的说明。因此这十二条基础既体现了八项原则，又对质量管理体系的某些方面作了指导性说明，起着"承上启下"的作用。

（一）质量管理体系的理论说明

这条是整个质量管理体系基础的总纲。首先说明了质量管理体系的目的就是要帮助组织增进顾客满意，并且以顾客满意程度作为衡量一个质量管理体系有效性的总指标。从组织依存于其顾客的观点出发，说明了顾客对组织的重要性，顾客要求组织提供的产品应能满足他们的需求和期望，但组织需要对顾客的需求和期望进行整理、分析和归纳，并将其转化为产品特性，体现在产品技术标准和技术规范中，顾客对是否可以接受产品有最终决定权，由此可见顾客的重要性。同时说明了顾客对组织持续改进的影响，由于顾客的需求和期望是不断变化的，这就驱使组织持续改进其产品和过程，从而体现了顾客是组织持续改进的推动力之一，持续改进的其他动力分别来自竞争压力和科技进步。说明了质量管理体系的重要作用，质量管理体系采用管理的系统方法，该方法要求组织分析顾客要求，规定为达到顾客要求所必需的过程，并使这些过程处于连续受控状态，实现顾客可以接受的产品。质量管理体系不仅为组织持续改进其整体业绩提供一个框架，使持续改进在体系内正常进行，以增加顾客和其他相关方满意的机会，而且质量体系还能提供内、外部质量保证，向组织（内部）和顾客以及其他相关方（外部）提供信任，使相关方相信组织有能力提供持续满足要求的产品。

（二）质量管理体系要求与产品要求

GB/T 19000—2000 族标准，主要根据质量体系和产品两种要求的不同性质把质量体系要求与产品要求加以区分。

任何一个组织在使用质量管理体系标准时对产品要求也应一并考虑，而不可偏废哪一项要求。标准也明确了两者各自的目的及相互关系。表 8-1 清楚地表述了质量管理体系要求和产品要求的差异。

质量管理体系要求和产品要求的区别   表 8-1

	质量管理体系要求	产 品 要 求
含义	• 为建立质量方针和质量目标并实现这些目标的一组相互关联的或相互作用的要素，是对质量管理体系固有特性提出的要求。 • 质量管理体系的固有特性是体系满足方针和目标的能力、体系的协调性、自我完善能力、有效性的效果等	• 对产品的固有特性所提出的要求，有时也包括与产品有关过程的要求。 • 产品的固有特性主要是指产品物理的、感官的、行为的、时间的、功能的和人体功效方面的有关要求
目的	正式组织有能力稳定地提供满足顾客和法律法规要求的产品。 通过体系有效应用，包括持续改进和预防不合格而增强顾客满意	验收产品并满足顾客
适用范围	通用的要求，适用于各种类型、不同规模和提供不同产品的组织	特定要求，适用于特定产品
表达形式	ISO 9001 质量管理体系要求标准或其他质量管理体系要求或法律法规要求	技术规范、产品标准、合同、协议、法律法规，有时反映在过程标准中
要求的提出	ISO 9001 标准	可由顾客规定；可由组织通过预测顾客要求来规定；可由法规规定
相互关系	质量管理体系要求本身不规定产品要求，但它是对产品要求的补充	

（三）质量方针和质量目标

建立质量方针和质量目标为引导组织提供了关注的焦点。两者确定了预期的结果，并帮助组织利用其资源达到这些结果。质量方针为建立和评审质量目标提供了框架。质量目标需要与质量方针和持续改进的承诺相一致，并且它们的实现需要是可测量的。质量目标的实现对产品质量、作业有效性和财务业绩都有积极性的影响，因此对相关方的满意和信任也产生积极影响。

（四）质量管理体系方法

建立和实施质量管理体系的方法如下：

（1）确定顾客和相关方的需求和期望；

（2）建立组织的质量方针和质量目标；

（3）确定达到质量目标必须的过程和职责；

（4）确定和提供实现质量目标必需的资源；

（5）规定测量每个过程的有效性和效率的方法；

（6）应用这些测量方法确定每个过程的有效性和效率；

（7）确定防止不合格并消除产生原因的措施；

（8）建立和应用持续改进质量管理体系的过程。

（五）最高管理者在质量管理体系中的作用

最高管理者通过其领导作用和采取的措施可以创造一个员工充分参与的环境，质量管理体系能够在这种环境中有效运行。最高管理者可将质量管理原则作为发挥其作用的依据，其作用是：

（1）建立组织的质量方针和质量目标；

（2）确保整个组织关注顾客要求；

（3）确保实施适宜的过程以满足顾客要求并实现质量目标；

（4）确保建立、实施和保持一个有效的质量管理体系以实现这些目标；

（5）确保获得必要资源；

（6）将达到的结果与规定的质量目标进行比较；

（7）决定有关质量方针和质量目标的措施；

（8）决定改进的措施。

（六）过程方法

任何得到输入并将其转化为输出的活动均可视为过程。

为了使组织有效运行，必须识别和管理许多内部相互联系的过程。通常，一个过程的输出将直接形成下一过程的输入。系统识别和管理组织内所使用的过程，特别是这些过程之间的相互作用，称之为"过程方法"。

GB/T 19000—2000 族标准鼓励采用过程方法管理组织。

（七）文件

文件是指"信息及其承载媒体"。

（1）文件的价值

一个过程的价值在于传递信息、沟通意图、统一行动，其具体用途是：

1）满足顾客要求和质量改进；

2）提供适宜的培训；

3）重复性（或再现性）和可追溯性；

4）提供客观证据；

5）评价质量管理体系的有效性和持续适宜性。

（2）质量管理体系中使用的文件类型

质量管理体系中使用的文件类型主要有质量手册、质量计划、规范、指南、程序、记录等。

文件的数量多少、详略程度、使用什么媒体视具体情况而定，一般取决于组织的类型和规模、过程的复杂性和相互作用、产品的复杂性、顾客要求、使用的法规要求、经证实的人员能力、满足体系要求所需证实的程度等。

（八）质量管理体系评价

（1）质量管理体系过程的评价

由于质量管理体系是由许多相互关联和相互作用的过程构成的，所以对各个过程的评价是体系评价的基础。在评价质量管理体系时，应对每一个被评价的过程，提出如下四个基本问题：

1）过程是否已被识别并确定相互关系？

2）职责是否已被分配？

3）程序是否得到实施和保持？

4）在实现所要求的结果方面，过程是否有效？

前两个问题，一般可以通过文件审核得到答案，而后两个问题则必须通过现场审核和综合评价才能得到结论。对上述四个问题的综合回答可以确定评价的结果。

（2）质量管理体系审核

审核用于评价对质量管理体系要求的符合性和满足质量方针和目标方面的有效性。审查的结果可用于识别改进的机会。

第一方审核用于内部目的，由组织自己或以组织的名义进行，可作为组织自我合格声明的基础。

第二方审核由组织的顾客或由其他人以顾客的名义进行。

第三方审核由外独立的审核服务组织进行。这类组织通常是经认可的，提供符合（如：ISO 9001）要求的认证或注册。

ISO 19011 提供了审核指南。

（3）质量管理体系评审

这类组织通常是经认可的最高管理者的一项任务是对质量管理体系关于质量方针和目标的适宜性、充分性、有效性和效率进行定期的、系统的评价。这种评审可包括考虑修改质量方针和目标的需求以响应相关方需求和期望的变化。评审包括确定采取措施的需求。

在各种信息源中，审核报告用于质量管理体系的评审。

（4）自我评定

组织的自我评定是一种参照质量管理体系或优秀模式对组织的活动和结果所进行的全面、系统和定期的评审。

使用自我评定方法可提供一种对组织业绩和质量管理体系的成熟程度总的看法，它还能帮助组织识别需要改进的领域并确定优先开展的事项。

（九）持续改进

改进是指为改善产品的特征及特性和（或）提高用于生产和交付产品的过程有效性和效率所开展的活动，它包括：

（1）确定、测量和分析现状；

（2）建立改进目标；

（3）寻找可能的解决办法；

（4）评价这些解决办法；

（5）实施选定的解决办法；

（6）测量、验证和分析实施的结果；

（7）将更改纳入文件。

必要时，对结果进行评审，以确定进一步改进的机会。审核、顾客反馈和质量管理体系评审也可用于识别这些机会。改进是一种持续的活动。

（十）统计技术的作用

使用统计技术可帮助组织了解变化，从而有助于组织解决问题并提高效率。这些技术也有助于更好地利用所获得的数据进行决策。

在许多活动的状态和结果中，甚至是在明显的稳定条件下，均可观察到变化。这种变化可通过产品和过程的可测量特性观察到，并且在产品的整个寿命期（从市场调研到顾客服务和最终处置）的各个阶段，均可看到其存在。

统计技术可帮助测量、表述、分析、说明这类变化并将其形成模型，甚至在数据相对有限的情况下也可实现。这种数据的统计分析能对更好地理解变化的性质、程度和原因提供帮助。从而有助于解决，甚至防止由变化引起的问题，并促进持续改进。

ISO/TR 10017 给出了统计技术应用的细节。

（十一）质量管理体系与其他管理体系的关注点

质量管理体系是组织的管理体系的一部分，它致力于使与质量目标有关的输出（结果）适当地满足相关方的需求、期望和要求。质量目标与基本目标相互补充，共同构成组织的目标。其他目标可以是那些与增长、资金、利润、环境及职业健康与安全有关的目标。组织管理体系的各个部分可与质量管理体系整合为一个使用共用要素的管理体系。这将便于策划、资源配置、确定相互补充的目标并评定组织的总体有效性。组织的管理体系可以对照其要求进行评定。管理体系也可以对照国际标准如 ISO 9001 和 ISO 14001 的要求进行审核，这些管理体系审核可以分开进行，也可以联合进行。

（十二）质量管理体系与优秀模式之间的关系

ISO 9000 族标准的质量管理体系方法和组织优秀模式之间的共同之处在于两者所依据的原则相同，而不同之处主要是它们的应用范围不同，如 ISO 9000 族标准提出了对质量管理体系的要求（ISO 9001）和业绩改进指南（ISO 9004），通过体系评价可确定这些要求是否得到满足，而优秀模式则适用于组织的全部活动和所有相关方。

在 ISO 9000 族标准正式颁布以前，欧美各国和日本早已推行全面质量管理（TQC）了。在推行 TQC 时，是通过评选优秀的质量管理企业来推广 TQC 的某些先进经验和做法的、现在这种优秀企业评选的模式日趋成熟，较有名的如美国的马尔柯姆·波得里奇国家质量奖、日本的戴明奖、欧洲的欧洲质量奖等。

第三节　如何建立质量管理体系？

任何组织无论是在内部开展质量管理，还是在合同环境下实施外部质量保证，都要策划、建立、健全和保持使用的质量管理体系，并使其有效运行。

一、质量管理体系建立的程序

最高管理者应确保对质量管理体系进行策划，以满足组织确定的质量目标的要求及质量管理体系的总体要求，在对质量管理体系的变更进行策划和实施时，应保持管理体系的完整性。通过对质量管理体系的策划，确定建立质量管理体系要采用的过程方法模式，从组织的实际出发进行体系的策划和实施，明确是否有剪裁的需求并确保其合理性。ISO 9001 标准引言中指出"一个组织质量管理体系的设计和实施受各种需求、具体目标、所提供产品、所采用的过程以及该组织的规模和结构的影响，统一质量管理体系的结构或文件不是本标准的目的"。

根据国际标准 ISO 9000 和国家标准 GB/T 19000 建立一个新的质量体系或更新、完善现行的质量体系,一般都经历以下六个程序:

图 8-2 质量管理体系建立的程序

二、质量管理体系文件的编制

质量管理体系文件的编制应在满足标准要求、确保控制质量、提高组织全面管理水平的情况下,建立一套高效、简单、实用的质量管理体系文件。质量管理体系文件包括质量手册、质量管理体系程序文件、质量记录等部分。

(一)质量手册

(1)质量手册的性质和作用

质量手册是组织质量工作的"基本法",是组织最重要的质量法规性文件,它具有强制性质。质量手册应阐述组织的质量方针,概述质量管理体系的文件结构并能反映组织质量管理体系的总貌,起到总体规划和加强各职能部门间协调作用。对组织内部,质量手册起着确立各项质量活动及其指导方针和原则的重要作用,一切质量活动都应遵循质量手册;对组织外部,它既能证实符合标准要求的质量管理体系的存在,又能向顾客或认证机构描述清楚质量管理体系的状况。同时质量手册是使员工明确各类人员职责的良好管理工具和培训教材。质量手册便于克服由于员工流动对工作连续性的影响。质量手册对外提供了质量保证能力的说明,是销售广告有益的补充,也是许多招标项目所要求的投标必备文件。

(2)质量手册的编制要求

质量手册的编制应遵循 ISO/TR 10013:2001"质量管理体系文件指南"的要求进行,质量手册应说明质量管理体系覆盖哪些过程和条款,每个过程和条款应开展哪些控制活动,对每个活动需要控制到什么程度,能提供什么样的质量保证等,都应做出明确的交代。质量手册提出的各项条款的控制要求,应在质量管理体系程序和作业文件中做出可操作实施的安排。质量手册对外不属于保密文件,为此编写时要注意适度,既要让外部看清楚质量管理体系的全貌,又不宜涉及控制的细节。

(3)质量手册的构成

质量手册一般由以下几个部分构成,各组织可以根据实际需要,对质量手册的下述部分作必要的删减。

目次

批准页

前言

1 范围

2 引用标准

3 术语和定义

4 质量管理体系

5 管理职责

　5.1 管理承诺

　5.2 以顾客为关注焦点

　5.3 质量方针

　5.4 策划

　5.5 职责、权限与沟通

　5.6 管理评审

6 资源管理

　6.1 资源提供

　6.2 人力资源

　6.3 基础设施

　6.4 工作环境

7 产品实现

　7.1 产品实现的策划

　7.2 与顾客有关的过程

　7.3 设计和开发

　7.4 采购

　7.5 生产和服务提供

　7.6 监视和测量装置的控制

8 测量、分析和改进

　8.1 总则

　8.2 监视和测量

　8.3 不合格品控制

　8.4 数据分析

　8.5 改进

2000 版 ISO 9001 （GB/T 19001）的标准结构以过程方法的模式进行编排，思路清晰并能通用于四大类产品的组织，具有很大的优越性。

（二）质量管理体系程序文件

（1）概述质量管理体系程序文件是质量管理体系的重要组成部分，是质量手册具体展开和有力支撑。质量管理体系程序可以是质量管理手册的一部分，也可以是质量手册的具体展开。对于较小的企业有一本包括质量管理体系程序的质量手册足矣，而对于大中型企业在安排质量管理体系程序时，应注意各个层次文件之间的相互衔接关系，下一层的文件应有力地支撑上一层次文件；质量管理体系程序文件的范围和详略程度取决于组织的规模、产品类型、过程的复杂程度、方法和相互作用以及人员素质等因素；程序文件不同于一般的业务工作规范或工作标准所列的具体工作程序，而是对质量管理体系的过程方法所需开展的质量活动的描述；对每个质量管理程序来说，都应视需要明确何时、何地、何人、做什么、为什么、怎么做（即 5W1H），应保留什么记录。

（2）质量管理体系程序的内容按 ISO 9001：2000 标准的规定，质量管理程序应至少包括下列 6 个程序：

1) 文件控制程序；

2) 质量记录控制程序；

3) 内部质量审核程序；

4) 不合格控制程序；

5) 纠正措施程序；

6) 预防措施程序。

（三）质量手册

质量计划是对特定的项目、产品、过程或合同，规定由谁及何时应使用哪些程序相关资源的文件。质量手册和质量管理体系程序所规定的是各种产品都适用的通用要求和方法。但各种特定产品都有其特殊性，质量计划是一种工具，它将某产品、项目或合同的特定要求与现行的通用的质量管理体系程序相连接。质量计划在顾客特定要求和原有质量管理体系之间架起一座"桥梁"，从而大大提高了质量管理体系适应各种环境的能力。质量计划在企业内部作为一种管理方法，使产品的特殊质量要求能通过有效的措施得以满足；在合同情况下，组织使用质量计划向顾客证明其如何满足特定合同的特殊质量要求，并作为顾客实施质量监督的依据。合同情况下如果顾客明确提出编制质量计划的要求，则组织编制的质量计划需要取得顾客的认可，一旦得到认可，组织必须严格按计划实施，顾客将用质量计划来评定组织是否能履行合同规定的质量要求。实施过程中组织对质量计划的较大修改都需征得顾客的同意。通常，组织对外的质量计划应与质量手册、质量管理体系程序一起使用，系统描述针对具体产品是如何满足 GB/T 19001—ISO 9001 的要求，质量计划可以引用手册或程序文件中的适用条款。产品（或项目）的质量计划是针对具体产品（或项目）的特殊要求，以及应重点控制的环节所编制的对设计、采购、制造、检验、包装、运输等的质量控制方案。

（四）质量记录

质量记录是"阐明所取得的结果或提供所完成活动的证据文件"。它是产品质量水平和企业质量管理体系中各项质量活动结果的客观反映，应如实加以记录，用以证明达到了合同所要求的产品质量，并证明对合同中提出的质量保证要求予以满足的程度。如果出现偏差，则质量记录应反映出针对不足之处采取了哪些纠正措施。质量记录应字迹清晰、内容完整，并按所记录的产品和项目进行标识，记录应注明日期并经授权人员签字、盖章或作其他审定后方能生效。一旦发生问题，应能通过记录查明情况，找出原因和责任者，有针对性地采取防止重复发生的有效措施。质量记录应安全地贮存和维护，并根据合同要求考虑如何向需方提供。

第四节 如何实施质量管理体系？

质量体系的运行通常分为三个阶段，即准备阶段、试运行阶段、正常运行阶段以及持续改进阶段。

一、准备阶段

质量体系运行的准备阶段应进行下列工作：

（1）选定试点项目，制定项目试运行计划

（2）开展教育培训

首先应制定培训计划，然后按计划开展培训：

1）对全体职工进行培训：要求全体职工投入质量体系运行，在运行岗位上认真按标准操作，达到规定的要求。

2）对于一些新的岗位应组织专门的培训。

培训对象以及相应的培训内容如表 8-2 所示。

各类人员的培训内容
表 8-2

培训对象	质量方针与目标	质量与质量体系概念	质量手册、质量计划	投标、合同管理	文件控制	采购控制	需方提供物资控制	施工管理(综合)	检验和试验(4.7 4.9 4.10 4.11 4.12)	质量记录	不合格品控制	质量经济性(质量成本)	统计技术	人员培训
企业领导层	●	●	●	●	●			●				●		●
相关的职能部门	●	●	●	△	●									●
经营部（投标业务）	●	●	●	●	●	●	●	●	△	△	△	●		●
项目经理部	●	●	●	●	●	●	●	●	●	●	●	●		●
质量控制人员	●	●	●	●	●	●	●	●	●	●	●		△	●
工程技术人员	●	●	●	●	●	●	●	●	●	●	●	●	△	●
工程分包领导人	●	△	△	×	△	△	△	△	△	△	△	△		△
财务人员	●		△		●	△	×	×				●		
其他管理人员	●													
班组长	●	△	△		△			●	●	●	●	●		●
操作工人	●	△		×	×	×		△	△	△				×

注：●—必学内容；△—部门组织学习；×—不学习；空白—根据需要确定。

二、试运行阶段

试运行阶段应进行下列工作：

（1）质量信息系统开始运作，收集有关的质量信息；

（2）有计划地对体系中的重点要素进行监控，观察其程序执行的情况，并与 GB/T 19000—ISO 9000 系列标准的要求进行对比，找出其偏差；

（3）针对找出的偏差，分析、验证其原因；

（4）针对原因研究纠正措施；

（5）下达纠正指令（包括文件修订与下达）；

（6）通过听取项目经理部、各职能部门、质量管理办公室、各层次人员对质量体系运行的意见，有针对性的采取措施，处理存在的问题。

三、正常运行阶段

质量体系通过试运行纠正了存在的问题后，即投入正常运行。

在正常运行阶段应开展下列活动：

（一）定期进行内部（和外部）审核

质量体系审核的目的是确定质量体系要素是否符合规定要求，是否满足法规要求，能否实现质量目标，并为质量体系的改进提供意见。

审核人员应该是与被审核部门的工作无直接关系的人员，以保证审核工作及其结果的公正性，同时审核人员还应具备相应的工作能力，具有有关机构颁发的资格证书。审核的内容一般包括：

（1）质量体系的组织结构及其相应的职责和权限；

（2）有关的管理程序和工作程序；

（3）人员、装配和材料；

（4）质量体系中各阶段的质量活动；

（5）有关文件、报告和记录。

审核后，审核人员应以书面形式提出建议和纠正措施，并提交给企业领导。

（二）质量体系的评审

质量体系的评审是在质量体系审核的基础上，由企业的领导对质量体系的现状是否符合满足质量方针要求和质量体系运行的有效性进行的评审。当市场情况，企业的组织机构、职责、权限产生变化和发生重大质量与安全事故时，也应对质量体系进行评审。

质量体系评审的内容主要包括：

（1）质量体系达到质量方针和目标方面的有效性；

（2）根据质量体系审核的结果，质量体系需要进行哪些修改和改进；

（3）随着市场环境和技术环境的变化，质量体系需要修改和改进的措施。

四、质量管理体系的持续改进

改进是指为改善产品的特征及特性和提高用于生产和交付产品的过程的有效性和效率所采取的活动，它包括：

（1）确定、测量和分析现状；

（2）建立改进目标；

（3）寻找可能的解决方法；

（4）评价选定的解决办法；

（5）实施选定的解决办法；

（6）测量、验证和分析实施的结果；

（7）将更改纳入文件。

必要时须对结果进行评审，以确定进一步改进的机会。改进是一种持续的活动，质量管理体系只有不断的改进，才能适应质量发展的要求。

第五节　如何进行质量认证？

2010 年 6 月 10 日，国家认证认可监督管理委员会与住房和城乡建设部联合发布了 21 号公告，决定在建筑施工领域质量管理体系认证中应用《工程建设施工企业质量管理规范》。《规范》明确要求所有的建筑施工企业要按照《工程建设施工企业质量管理规范》和《质量管理体系要求》（GB/T 19001—2008）的要求建立和保持管理体系。由此可以看出，建筑领域内进行质量认证也是未来的趋势。

一、什么是质量认证？

质量认证是第三方依据程序对产品、过程或服务符合规定的要求给予书面保证（合格证书）。

对质量认证的理解可以从以下四个方面展开：

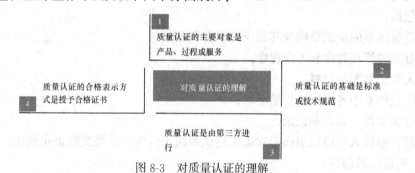

图 8-3　对质量认证的理解

二、为什么要进行质量认证？

质量认证之所以受到世界各国的普遍重视，关键在于它是由一个公正的机构对产品或质量体系作出正确和可靠的评价，从而使人们对产品质量建立信心。质量认证对供应商、社会、顾客都产生了积极的作用，其意义如下

（一）促进企业完善质量体系，提高质量管理水平

企业要获取第三方认证机构的质量体系认证或者按产品认证制度实施产品认证，必然要对其质量体系进行检查和完善，以提高其对产品质量的保证能力，通过认证以后还要定期接收监督。另外，在认证机构对企业的质量体系实施检查和评定时发现的问题也需要企业及时地加以解决，这些都会有力促进企业的质量体系得到完善。

【示例 8-1】

英国萘苯二甲酸厂在认证前有 5.5％的不合格品。经过英国 BSI 进行质量体系认证后，下降到 1％。杭州金松洗衣机公司通过质量认证后，零部件和整机一次合格率分别提高了 21％和 14％。华东电子管厂在获取 IECQ 的认证证书后，建立和健全符合国际贸易要求的质量体系，并把质量体系与企业管理紧密结合、涌现出一批懂管理、重质量、善经营的人才，销售产品和实现利润等各项技术经济指标均有大幅度增长❶。

（二）有利于提高供方的质量信誉，树立企业良好形象

企业的产品或质量体系如果通过公正机构的认证，获得合格证书和标志并注册公布，

---

❶ 本案例来源：洪生伟主编. 质量认证教程. 北京：中国标准出版社，2004.

将会使企业取得良好的质量信誉,有利于面对激烈的市场竞争而取胜。

【示例 8-2】

如四川宜宾五粮液酒厂,尽管地处西部经济落后地区,又面临着强手林立、竞争激烈而又饱和的白酒市场,但该厂率先通过产品质量认证,并取得德国、瑞士、荷兰等国的质量体系认证证书。该厂在通过质量认证前后十年中,始终不渝地坚持以质量管理为中心的科学管理,建立三级质量管理网络,三次制(修)订质量管理手册,不断进行质量改进,从而在国内市场上树立起了良好的质量信誉和企业形象,1994 年被技术监督部门确定为免检产品,1995 年销售额、利税总额居国内同行业第一名,坐上了"中国酒业大王"的交椅。十年(1985—1995)间的利税达十三亿元,等于赚回 88 个 1984 年的五粮液酒厂。

上海宝钢,从 20 世纪 90 年代初期获得美国石油学会(API)会标后,先后获得美、英、法、德、日、挪威和中国的质量认证证书,进一步提高了宝钢人的质量意识,全员劳动生产率达到国际先进水平,出口量大幅度增加,国内市场占有率提高,取得明显成效。武汉钢铁公司通过质量认证工作,烧结矿、生铁、钢锭钢材的一级品率均有较大幅度的提高,钢材综合等级品率(包括优等品、一等品和合格品率)名列全国同行业第一位。实物质量达到国外同类产品先进水平,钢材产量创历史最好水平,出口创汇大幅度增长,使其质量效益型的道路越走越宽广❶。

(三)有利于减少社会重复评定

如果供方取得了权威第三方的产品质量认证,则需方对购进产品质量的检验可大量减少,对整个社会来说,则可以节省大量的人力、物力和财力。如果供方已取得质量体系认证,则需方实施的检查工作量也可大量减少,从而省去不少重复检查费用。

(四)有利于保护消费者利益

实施质量认证,对通过产品质量认证或质量体系认证的企业使用认证标志、注册公布,可以帮助消费者购买质量有保证的产品,保护消费者的利益。这不仅可防止广大消费者在市场上误购不符合标准的低劣产品,能确保消费者使用与安全健康有关的产品时的安全。而且,很多国家都从法律上规定,凡强制性安全认证的产品,非认证合格产品不准进入市场,也禁止进口。如我国的电冰箱、低压电器等产品都实行了这样的规定,这样就更有效地保障和维护了消费者合法权益。

三、质量认证的分类

质量认证按照认证的范围,可以划分为产品质量认证和质量体系认证。

质量认证按认证对象划分表   表 8-3

认证方式	认证的对象	认证的目的	证实的方式	证明的方式	认证的保持
产品质量认证	产品	证明供方的具体产品符合特定标准的要求	根据特定标准对产品实施检验	颁发合格证书,在产品上授权使用专有的合格标志	对认证产品实施监督检验,对质量体系实施监督检查
质量体系认证	质量体系	证明供方的质量体系有能力确保其产品满足规定的要求如需方合同、法规、供方内部标准等	质量体系审核,不对产品实物与规定要求的符合性实施检验	颁发证书,注册公布,供方可使用注册标志做宣传,但不能直接用于产品或以其他方式误导产品已经认证合格	定期监督供方质量体系,注册机构不对产品实物与规定要求的符合性实施监督检验

---

❶ 本案例来源:洪生伟主编.质量认证教程.北京:中国标准出版社,2004.

四、如何进行产品质量认证？

国内外机构对产品质量认证，虽然都有自己的认证程序，但一般都采用 ISO/IEC《认证的原则与实践》中所推荐的第五种方式，也就是 ISO/IEC 指南 28《典型的第三方产品认证制度通则》中规定的方式，即通过对产品质量的测试和对生产企业质量体系的评审来确定产品是否符合标准，并在认证后对该企业质量体系以及从该企业中或市场上进行产品抽样检验进行监督，其一般程序如下图所示。

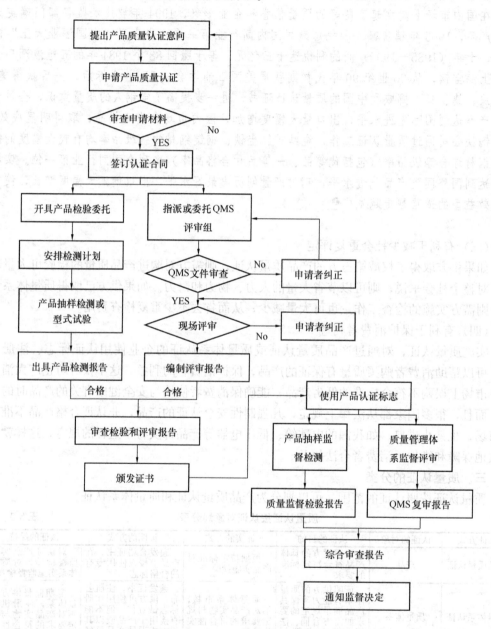

图 8-4　产品质量认证流程图

其中，质量认证有两种表示方法，即认证证书和认证合格标志。

（1）认证证书（合格证书）。它是由认证机构颁发给企业的一种证明文件，它证明某项产品或服务符合特定标准或技术规范。

（2）认证标志（合格标志）。由认证机构设计并公布的一种专用标志，用以证明某项产品或服务符合特定标准或规范。经认证机构批准，使用在每台（件）合格出厂的认证产品上。认证标志是质量标志，通过标志可以向购买者传递正确可靠的质量信息，帮助购买者识别认证的商品与非认证的商品，指导购买者购买自己满意的产品。

认证标志为方圆标志、3C标志、长城标志和PRC标志。

  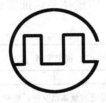 

| （方圆标志） | 中国强制认证标志(3C标志) | 长城标志 | PRC 标志 |

由上图可以看出，产品质量认证一般分为申请阶段、评审阶段、批准阶段以及认证后监督四个阶段。下表详细介绍了每个阶段具体工作内容：

产品质量认证工作内容 表8-4

认证阶段	工作内容	具 体 描 述
申请阶段	提出产品质量认证意向	向认证机构提出认证意向，索取有关文件和申请表，了解认证机构的业务范围、程序、收费标准等
	申请产品质量认证	向认证机构提出认证申请，填写申请书，呈交产品标准、企业质量手册、营业执照、生产和检验设备等材料
	审查申请材料	认证机构对申请者的申请表及其材料的完整性、正确性等进行审查，决定是否受理
	签订认证合同	认证机构如决定受理申请，则应与申请者签订认证合同，明确各自承担的责任和义务
评审阶段	产品质量检验	认证机构应开具产品质量检测委托书，委托已认可的实验室进行产品质量检测或型式试验。 产品质检机构依据上述委托书，安排产品质量检验计划，并按计划进行检测或型式试验，填写和提交检测报告
	产品生产企业质量体系评审	认证机构指派评审组，在对质量体系文件审查合格后，到企业按合同规定的质量体系标准及企业质量体系文件进行现场评审，并在评审后编制质量体系评审报告
批准阶段		如果产品检测和质量体系评审均合格，则可批准颁发产品认证证书，允许在认证证书有效期内使用规定的认证标志
认证后监督		对已获产品认证书的企业，认证机构应按年度安排年度产品抽样监督检验和质量体系复审计划

在这里需要说明的是认证证书有效期满时，申请者应按规定时间重新申请认证。申请者要扩大认证产品范围，只需如实提出扩大产品的品种、规格或型号的申请，认证机构只需对产品进行检测而可不进行企业质量体系评审，如是提出扩大采用不同标准的产品类别的申请，那么认证机构就必须实施原申请产品认证中没有包含的那些程序。

五、如何进行质量体系认证？

国内外机构对质量管理体系认证，虽然程序不一，但一般都采用 ISO/IEC 指南 48《第三方评定与注册供应商质量体系指南》中规定的程序。我国自 20 世纪 90 年代初开始质量体系认证，目前已颁布《质量体系认证实施程序规则》，质量体系认证其一般程序如图 8-5 所示。

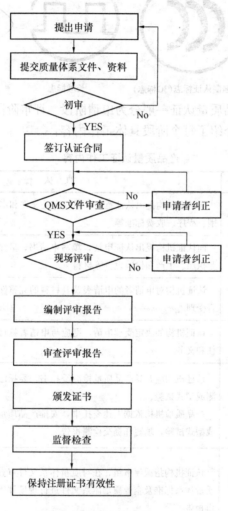

图 8-5　质量体系认证流程图

质量体系认证各阶段工作如表 8-5 所示。

在质量体系认证中，值得注意的是申请方可以用质量体系认证证书上的质量体系认证机构标志和国家认可标志作宣传，但不能直接用于产品或以其他方式误导产品已经认证合格，否则，将被处罚，甚至撤销认证注册资格。

质量体系认证工作内容 表 8-5

认证阶段	工作内容	具 体 描 述
申请阶段	提出认证申请	提出申请需具备以下两个条件：（1）持有法律地位证明文件（如有营业执照等）；（2）已按质量体系标准（ISO 9000 族标准或其他公认的质量体系标准）建立了文件化的质量体系，并在有效运作
	认证机构初审	认证机构对申请者的申请表及其材料的完整性、正确性等进行审查，决定是否受理。 若经审查不符合规定的要求，认证机构将及时与申请单位联系，要求申请单位作必要的补充或修改，符合规定后再发出"接受申请通知书"
	签订认证合同	认证机构如决定受理申请，则应与申请者签订认证合同，明确各自承担的责任和义务
质量体系文件审查		认证机构指派评审组，对申请方的质量体系文件进行审查。其中，审查对象主要由质量手册、程序文件、质量计划、作业指导书等标准或文件表达组成
现场评审		评审组到申请方生产经营或工作现场，依据 GB/T 19011—ISO 19011《质量和（或）环境体系审核指南》对申请方的质量体系的存在、实施及实现质量方针的能力进行验证，并最终编制评审报告
批准阶段		质量体系认证机构在收到评审组提交的建议注册的质量体系评审报告后，应进行全面的审查与评定，经审定批准注册后，向申请方颁发国家统一制发的质量体系认证证书，并予以注册
认证后监督		对于获准注册的组织，在其质量体系认证证书有效期（3 年）内，质量体系认证机构一般要实施不少于一次的监督检查，以确认其质量体系是否继续维持，满足规定的标准要求

复 习 思 考 题

一、单项选择题

1. 2000 版 ISO 9000 族标准中阐述《质量管理体系——要求》的是（　　）。

A. ISO 9000：2000　　B. ISO 9001：2000　　C. ISO 9002：2000　　D. ISO 9004：2000

2. GB/T 19000—2000 族标准质量管理八项原则中，突出了"持续改进"是提高质量管理体系（　　）和效率的重要手段。

A. 科学性　　　　　　B. 适用性　　　　　　C. 合理性　　　　　　D. 有效性

3. 在质量管理体系认证过程中，如果认证机构对申请单位的申请文件进行审查后，认为不符合规定要求，则认证机构应（　　）。

A. 拒绝申请单位的申请　　　　　　　　B. 要求申请单位重新申请

C. 要求申请单位作必要的补充或修改　　D. 延期对申请单位的认证

4. 质量管理体系认证书的有效期为（　　）年。

A. 5　　　　　　　　　B. 3　　　　　　　　　C. 2　　　　　　　　　D. 1

二、多项选择题

1. 质量管理体系中，使用的文件类型主要有（　　）。

A. 质量手册　　　　　B. 质量计划　　　　　C. 规范、指南　　　　　D. 程序、记录

E. 施工组织设计

2. 质量管理体系的基础中，持续改进工作包括（　　）。

A. 确定、测量和分析现状 　　　　　　　B. 寻找可能的解决办法

C. 测量、验证和分析实施的结果 　　　　D. 将更改纳入文件

E. 确定和提供实现质量目标必须的资源

3. 质量认证第三方依据程序对产品、过程或服务符合规定的要求给予书面保证。质量保证包括( )。

A. 安全认证 　　　　　　　　　　　　　B. 合格认证

C. 产品质量认证 　　　　　　　　　　　D. 质量管理体系认证

E. 长城认证

三、简答题

1. 简述 GB/T 19000—2000 族标准质量管理原则是什么。

2. 说明质量管理体系建立程序应包括的内容。

3. 说明质量管理体系认证的实施程序。

选择题参考答案

一、1. B；2. D；3. C；4. B

二、1. ABCD；2. ABCD；3. CD

参 考 文 献

[1]　丁士昭．工程项目管理[M]．北京：中国建筑工业出版社，2006．

[2]　李子新．建筑工程质量管理[M]．北京：中国建筑工业出版社，2005．

[3]　刘伟．工程质量管理与系统控制[M]．武汉：武汉大学出版社，2004．

[4]　李晓春．质量管理学[M]．北京：北京邮电大学出版社，2008．

[5]　尤建新．质量管理理论与方法[M]．大连：东北财经大学出版社，2009．

[6]　封定远．纵观国外及香港地区工程监管模式，试论我国工程质量监管体系的创新[A]．上海：建设工程质量华东论坛论文集，2006．

[7]　郭汉丁，王凯．建设工程主体结构质量政府监督的理论探讨[J]．华中科技大学学报(城市科学版)，2006(2)：17-21．

[8]　林略，艾伟，孙燕．上海世博会工程建设项目P3e/c应用实证分析[J]．实践与集锦，2010．

[9]　李海兵．建筑工程项目的施工质量管理研究[J]．山西建筑，2010，36(6)：218-219．

[10]　施骞，胡文发．工程质量管理教程[M]．上海：同济大学出版社，2010．

[11]　鲍尔．质量改进手册[M]．北京：中国城市出版社，2003．

[12]　丘秋风．浅谈建设工程质量的现状与管理办法 http：//www.yueqikan.com

[13]　纪诗阳，刘继臣．浅谈建筑工程施工质量管理的重要性[J]．China′s Foreign Trade，2011，12：314-314．

[14]　王春生，王淞，刘宁．对我国建筑工程质量管理现状及发展趋势的思考[J]．沈阳建筑工程学院学报(社会科学版)，2000，2(2)：5-8．

[15]　丁士昭．对工程管理信息化的理解和思考．http：//wenku.baidu.com/view/7e27481c650e52ea5518986f.html

[16]　胡文发，何新华．现代工程项目管理[M]．上海：同济大学出版社，2007．

[17]　何清华．建设项目管理信息化[M]．北京：中国建筑工业出版社，2011．

[18]　张桦，朱盛波．建设工程项目管理与案例解析[M]．上海：同济大学出版社，2008．

[19]　邱国林，王志新．工程项目质量管理[M]．北京：化学工业出版社，2005．

[20]　张检身．工程质量管理指南：强化质量管理、消除劣质工程[M]．北京：中国计划出版社，2001．

[21]　兰峰等．房产交易与工程质量建设工程质量管理条例解释[M]．北京：中国统计出版社，2000．

[22]　庞长锋，刘秋生，彭永楠．建筑工程质量管理(第2版)[M]．天津：天津科学技术出版社，1996．

[23]　北京市第三建筑工程公司．建筑工程质量管理实用手册[M]．北京：中国建筑工业出版社，1993．

[24]　全国建设工程质量监督工程师培训教材编写委员会，全国建设工程质量监督工程师培训教材审定委员会．工程质量管理与控制(试行本)[M]．北京：中国建筑工业出版社，2001．

[25]　张树山．建设项目监理及案例分析(上、中、下)[M]．北京：中国石化出版社，2000．

[26]　齐文波．建筑工程质量管理方法和应用研究[D]．南京：东南大学，2006．

[27]　中国建设监理协会组织．建设工程质量控制[M]．北京：中国建筑工业出版社，2009．

[28]　金国辉．建设工程质量与安全控制[M]．北京：清华大学出版社、北京交通大学出版社，2009．

[29]　李清立．建设工程监理——案例分析(第3版)[M]．北京：清华大学出版社、北京交通大学出版社，2010．

[30]　刘宪文，吴琼，刘冀英．建设工程监理案例解析300例[M]．北京：机械工业出版社，2008．

[31]　钱胜．建筑工程质量及事故问答[M]．北京：化学工业出版社，2007．

[32] 王力争，方东平. 中国建筑业事故原因分析及对策[M]. 北京：中国水利水电出版社，2007.

[33] 石红. 浅谈建筑工程材料的质量控制[J]. 中国新技术新产品，2011(10)：174.

[34] 龚新，丁欣. 发展我国建筑工程质量保险的几点思考[J]. 工程管理，2011(2)：103-103.

[35] 陈峰. 浅析工程质量的政府监管行为[J]. 城市建设理论研究(电子版)，2011(21).

[36] 黄宏升. 统计技术与方法在质量管理中的应用[M]. 北京：国防工业出版社，2006.

[37] 李卫红，杨练根. 质量统计技术[M]. 北京：中国计量出版社，2006.

[38] 熊英，王宏伟. 项目质量管理[M]. 武汉：湖北科学技术出版社，2008.

[39] 张欣天. 工程施工项目质量管理[M]. 北京：中国标准出版社，2006.

[40] 丁梅，周晨光. 关于设计阶段工程造价控制问题的探讨[J]. 河南城建高等专科学校学报，2011.10 (3)：13-14.

[41] 李江蛟. 现代质量管理[M]. 北京：中国计量出版社，2002.

[42] 龚益鸣. 质量管理学[M]. 上海：复旦大学出版社，1999.

[43] 陈骏. 质量认证[M]. 北京：中国标准出版社，1990.

[44] 洪生伟. 质量认证教程[M]. 北京：中国标准出版社，2004.